# ANSYS Workbench
# 2020 工程实例解析

主编／田建辉

副主编／樊亚军　王文娟

U0232953

清华大学出版社

北 京

## 内 容 简 介

本书介绍 Workbench 2020 在有限元分析中的应用,主要以 Workbench 2020 软件的各功能模块为主线,详细介绍软件的功能和应用。最后结合 Workbench 软件进行工程实例演练。本书主要内容包括:有限元基本理论,Workbench 2020 简介,Meshing 网格划分,后处理,结构静力学分析、模态分析案例详解,谐响应分析、动力学分析、疲劳分析、冲击分析案例详解,流体动力学分析等。

本书可作为工程力学专业和机械工程专业本科生的专业课教材,也可作为机械设计制造及其自动化、机械设计及理论、机械电子工程等专业本科生高年级及研究生教材,以及高等职业学校、高等专科学校、成人院校的机电一体化、数控技术及应用、机械制造及自动化等专业的教材,还可作为相关工程技术人员的参考资料或培训教材。

**图书在版编目(CIP)数据**

ANSYS Workbench 2020 工程实例解析/田建辉主编.—北京:清华大学出版社,2021.12(2025.1重印)
ISBN 978-7-302-59591-5

Ⅰ.①A… Ⅱ.①田… Ⅲ.①有限元分析—应用软件 Ⅳ.①O241.82-39

中国版本图书馆 CIP 数据核字(2021)第 238277 号

责任编辑:冯 昕 赵从棉
封面设计:傅瑞学
责任校对:欧 洋
责任印制:刘海龙

出版发行:清华大学出版社
   网  址:https://www.tup.com.cn,https://www.wqxuetang.com
   地  址:北京清华大学学研大厦 A 座   邮  编:100084
   社 总 机:010-83470000   邮  购:010-62786544
   投稿与读者服务:010-62776969,c-service@tup.tsinghua.edu.cn
   质量反馈:010-62772015,zhiliang@tup.tsinghua.edu.cn
印 装 者:小森印刷霸州有限公司
经  销:全国新华书店
开  本:185mm×260mm  印  张:13.5   字  数:329 千字
版  次:2021 年 12 月第 1 版   印  次:2025 年 1 月第 2 次印刷
定  价:42.00 元

产品编号:093376-01

随着信息技术在各个领域的迅速渗透,计算机辅助设计(CAD)、计算机辅助工程(CAE)和计算机辅助制造(CAM)技术已经得到了广泛的应用,从根本上改变了传统的设计、生产、组织模式,对推动现有企业的技术改造、带动整个产业结构的变革、发展新兴技术、促进经济增长具有十分重要的意义。

现代工程科学技术的发展要求人才应具备完整的知识结构,即在工程实践、理论修养和计算能力三方面有严格的高水平训练,三者缺一不可,否则在今后的竞争中就会十分被动。计算能力的提高有多种途径,应用大型商业通用程序就是其中之一。Workbench 功能强大,简便易学,是首选的通用程序。目前我国各高等院校为研究生教学的需要相继开设了这方面的课程内容。作者根据多年的教学和工程实践经验编写了本书,并充分考虑了学生的教学需求。

Workbench 是目前国内外使用最广泛的计算机辅助分析软件之一,经过 40 多年的发展,其强大的求解功能和良好的用户界面深受广大用户的欢迎。Workbench 软件是一个集结构、热、流体、电磁和声学于一体的大型通用有限元分析软件,该软件可以很好地实现前、后处理,模型分析求解及多场耦合分析,数据库统一等功能。同时,它还是世界上第一个通过 ISO 9001 质量认证的分析设计类软件。Workbench 软件广泛应用于核工业、铁道、石油化工、航空航天、机械制造、材料成型、能源、汽车交通、国防军工、电子、土木工程、造船、生物医学、轻工、地矿、水利、日用家电等领域。Workbench 不但为当前的商业应用提供了新技术,而且在模拟最复杂的工程产品和高性能计算(high performance computing,HPC)等方面取得了显著的进步。并且 Workbench 是目前应用最广泛的商业 CAE 分析软件之一,分析类型全面,结果可靠,软件分析流程与有限元思想相吻合,学生在学习软件操作的过程中可以结合理论,进一步加深对理论的理解。

本书作为机械工程专业本科生的专业课教材,具有如下特色:

(1)作为机械工程专业本科生的专业课教材,突出专业性,重点讲解机械工程专业相关的有限元高级理论、技术、工具和应用。内容选择尽量集中凝练,突出关键内容,以期以点带面,除了通过课程学习使学生掌握核心的、必需的高级专业知识外,还能对以后知识的学习起到辐射作用。

(2)突出实用性和实践性,注重理论与实践的结合,将功能强大的专业工具与工程应用结合在一起,使用户除了掌握高级理论知识之外,还具有解决工程问题的方法、手段和能力。

(3)突出综合性,从工程应用的实际出发,从多个角度和层面分析工程问题,并注意内容组织的系统性。

(4)突出先进性,体现专业领域的最新发展。

（5）突出编写方式的渐进性，强调通俗易懂，由浅入深，并力求全面、系统和重点突出。

本书从有限元理论、软件操作、工程设计经验和分析技巧 4 个方面，全方位详细介绍 Workbench 的使用和解决工程实际问题的方法以及分析流程。本书基于 Workbench 2020 和 HyperMesh 软件，重点介绍了使用 HyperMesh 前处理和 Workbench 软件的对接，从实际出发，结合作者在教学和工程方面的使用经验，详细介绍了利用 HyperMesh 软件建立模型、划分网格、添加载荷和约束，以及导入 Workbench 进行后处理，查看结果的全过程。然后在此基础上采用图形用户界面（GUI）方式（菜单模式）对实例分析的操作过程和步骤进行细致讲解。本书共 11 章，主要介绍有限元基本理论，Workbench 2020 简介，Meshing 网格划分，后处理，结构静力学分析、模态分析案例详解，谐响应分析，动力学分析、疲劳分析、冲击分析案例详解，流体动力学分析等。本书在理论讲解的基础上结合工程实例，覆盖了大部分工程问题，也详细讲解了一些热门问题，可以帮助读者在短时间内掌握简单工程计算问题的分析流程和技巧，同时能使其学习实际工程问题的分析思路，并能解决相关领域的问题。

本书由西安工业大学田建辉教授主编，负责内容规划和通稿。编写分工为：第 1～3 章由王文娟编写；第 4～5 章和第 7～11 章由田建辉编写；第 6 章由樊亚军编写。在本书的编写过程中，樊亚军对书中的内容进行了校对和审查，西安工业大学的张鸿睿、景国权、鲁星星等研究生参与了编写、校核等工作，在此一并表示感谢。

由于作者水平和经验有限，疏漏、不当之处在所难免，恳请读者提出宝贵意见，我们会在适当时机进行修订和补充，在此深表谢意。

本书配套模型以二维码的形式在书中呈现，需要先扫描书后的防盗码刮刮卡获取权限，再扫下方的二维码选择"推送到我的邮箱"即可获取。

作　者

2021 年 5 月

配套模型

# 目 录

CONTENTS

# 1

## 有限元基本理论

## 1.1 有限元法发展综述

在工程技术领域内,经常会遇到两类典型问题。第一类问题可以归结为有限个已知单元体的组合,例如,材料力学中的连续梁、建筑结构框架和桁架结构,我们把这类系统称为离散系统。尽管离散系统是可解的,但是求解此类离散系统是复杂的。第二类问题通常可以建立它们应遵循的基本方程(即微分方程)和相应的边界条件,例如弹性力学问题、热传导问题和电磁场问题等,由于建立基本方程所研究的对象通常是无限小的单元,因此我们把这类系统称为连续系统。尽管已经建立了连续系统的基本方程,但由于边界条件的限制,通常只能得到少数简单问题的精确解答。对于许多实际的工程问题,还无法给出精确的解答。为解决这个困难,工程师和数学家们提出了许多近似方法。

在寻找连续系统求解方法的过程中,工程师和数学家从两个不同的路线得到了相同的结果,即有限元法。有限元法的形成可以追溯到 20 世纪 50 年代,来源于固体力学中矩阵结构法的发展和工程师对结构相似性的直觉判断。从固体力学的角度来看,桁架结构等标准离散系统与人为地分割成有限个分区后的连续系统在结构上存在相似性。

### 1.1.1 有限元法的孕育过程及诞生和发展

电子计算机的出现和发展使有限元法在许多实际问题中的应用变为现实,并具有广阔的前景。有限元的应用范围也相当广泛,它涉及工程结构、传热、流体运动、电磁等连续介质的力学分析,并在气象、地球物理、医学等领域得到应用和发展。

在 17 世纪,牛顿和莱布尼茨发明了积分法,证明了该运算具有整体对局部的可加性。18 世纪,著名数学家高斯提出了加权余值法及线性代数方程组的解法。另一位数学家拉格朗日提出泛函分析。泛函分析是将偏微分方程改写为积分表达式的另一途径。19 世纪末20 世纪初,数学家瑞雷和里兹首先提出可对全定义域运用位移函数来表达其上的未知函数。数学家伽辽金在 1915 年提出了选择位移函数中形函数的伽辽金法,被广泛地用于有限元。数学家库朗德在 1943 年第一次提出了可在定义域内分片使用位移函数来表达其上的未知函数,这实际上就是有限元的做法。

20 世纪 50 年代，飞机设计师们发现无法用传统的力学方法分析飞机的应力、应变等问题。波音公司的一个技术小组首先将连续体的机翼离散为三角形板块的集合来进行应力分析，经过一番波折后获得成功。同样是在 50 年代，大型电子计算机被投入了解算大型代数方程组的工作，这为实现有限元技术准备好了物质条件。1960 年，美国加州大学伯克利分校的 R. W. 克拉夫（R. W. Clough）教授在论文中提出了"有限单元"这样的名词。值得骄傲的是，我国南京大学冯康教授在此前后独立地在论文中也提出了"有限单元"一词。此后，这种叫法被大家接受，有限元技术从此正式诞生。

1990 年 10 月，美国波音公司开始在计算机上对新型客机 B-777 进行"无纸设计"，仅用了三年半时间，于 1994 年 4 月第一架 B-777 就试飞成功，这是制造技术史上划时代的成就，其中在结构设计和评判中就大量采用有限元分析方法。

在有限元分析的发展初期，由于其基本思想和原理的"简单"和"朴素"，以至于许多学术权威都对其学术价值有所鄙视，国际著名刊物《应用力学学报》（*Journal of Applied Mechanics*）多年来都拒绝刊登有关有限元分析的文章。然而现在，有限元分析已经成为数值计算的主流，不但国际上存在如 Workbench 等数种通用有限元分析软件，而且涉及有限元分析的刊物也有几十种之多。

### 1.1.2　有限元法的基本思想

有限元法的基本思想是将结构离散化，用有限个简单的单元来表示复杂的对象，单元之间通过有限个节点相互连接，然后根据平衡和变形协调条件综合求解。由于单元的数目是有限的，节点的数目也是有限的，所以称之为有限元法（finite element method，FEM）。有限元法是迄今为止最为有效的数值计算方法之一，它对科学与工程技术提供巨大支撑。

有限元法最早应用于结构力学，后来随着计算机的发展慢慢用于流体力学的数值模拟。在有限元法中，把计算域离散剖分为有限个互不重叠且相互连接的单元，在每个单元内选择基函数，用单元基函数的线性组合来逼近单元中的真解，整个计算域上总体的基函数可以看作由每个单元基函数组成，整个计算域内的解则可以看作由所有单元上的近似解构成。根据所采用的权函数和插值函数的不同，有限元法也分为多种计算格式。从权函数的选择来划分，有配置法、矩量法、最小二乘法和伽辽金法；从计算单元网格的形状来划分，有三角形网格、四边形网格和多边形网格；从插值函数的精度来划分，又分为线性插值函数和高次插值函数等。插值函数一般由不同次幂的多项式组成，也有的采用三角函数或指数函数组成的乘积表示，但最常用的是多项式插值函数。有限元插值函数分为两大类：一类只要求插值多项式本身在插值点取已知值，称为拉格朗日（Lagrange）多项式插值；另一种不仅要求插值多项式本身，还要求它的导数值在插值点取已知值，称为埃尔米特（Hermite）多项式插值。对于二维三角形和四边形电源单元，常采用的插值函数包括有拉格朗日插值的直角坐标系中的线性插值函数及二阶或更高阶插值函数、面积坐标系中的线性插值函数及二阶或更高阶插值函数等。

### 1.1.3　有限元的应用及发展趋势

国际上在 20 世纪 50 年代末 60 年代初就投入了大量的人力和物力开发具有强大功能

的有限元分析软件,其中最为著名的是由美国国家宇航局(National Aeronautics and Space Administration,NASA)在 1965 年委托美国计算科学公司和贝尔航空系统公司开发的 Nastran 有限元分析系统。该系统目前是世界上规模最大、功能最强的有限元分析系统。同时,世界各地的研究机构和大学也开发了一批规模较小但使用灵活、价格较低的专用或通用有限元分析软件,主要有德国的 Aska,英国的 Pafec,法国的 Systus,以及美国的 Abaqus、Adina、Ansys、Bersafe、Bosor、Cosmos、Elas、Marc 和 Stardyne 等公司的产品。目前国际上有限元分析(finite element analysis,FEA)方法和软件发展呈现出以下趋势特征:

1) 从单纯的结构力学计算发展到求解许多物理场问题

有限元分析方法最早是从结构化矩阵分析发展而来的,实践证明这是一种非常有效的数值分析方法。从理论上也已经证明,只要用于离散求解对象的单元足够小,所得的解就可足够逼近于精确值。所以近年来有限元法已发展到流体力学、温度场、电传导、磁场、渗流和声场等问题的求解计算,最近又发展到求解几个交叉学科的问题。

2) 由求解线性工程问题发展到分析非线性问题

随着科学技术的发展,线性理论已经远远不能满足设计的要求。针对塑料、橡胶和复合材料等各种新材料的出现,仅靠线性计算理论不足以解决遇到的问题,只有采用非线性有限元算法才能解决。众所周知,非线性的数值计算是很复杂的,它涉及很多专门的数学问题和运算技巧,很难为一般工程技术人员掌握。为此,近年来国外一些公司花费了大量的人力和物力开发诸如 Marc、Abaqus 和 Adina 等专门求解非线性问题的有限元分析软件,并广泛应用于工程实践,这些软件的共同特点是具有高效的非线性求解器以及丰富和实用的非线性材料库。

3) 增强可视化的前置建模和后置数据处理功能

早期有限元分析软件的研究重点在于推导新的高效率求解方法和高精度的单元。随着数值分析方法的逐步完善,尤其是计算机运算速度的极大提高,整个计算系统用于求解运算的时间越来越短,而数据准备的充足和运算结果的精度问题却日益突出。因此,目前几乎所有的商业化有限元程序系统都有功能很强的前置建模和后置数据处理模块。在强调"可视化"的今天,很多程序都建立了对用户非常友好的图形用户接口(graphics user interface,GUI),使用户能以可视图形方式直观、快速地进行网格自动划分,生成有限元分析所需数据,并按要求将大量的计算结果整理成变形图、等值分布云图,以便于极值搜索和所需数据的列表输出。

4) 与 CAD 软件的无缝集成

当今有限元分析系统的另一特点是与通用 CAD 软件的集成使用,即在用 CAD 软件完成部件和零件的造型设计后自动生成有限元网格并进行计算,如果分析的结果不符合设计要求则重新进行造型和计算,直到满意为止,从而极大地提高了设计水平和效率。所以,当今所有的商业化有限元系统商都开发了和著名的 CAD 软件(例如 Pro/ENGINEER、Unigraphics、SolidEdge、SolidWorks、I-DEAS、Bentley 和 AutoCAD 等)的接口。

5) 在 Wintel 平台上的发展

PC 机的出现使计算机的应用发生了根本性的变化,使工程师渴望在办公桌上完成复杂工程分析的梦想成为现实。但是早期的 PC 机采用 16 位 CPU 和 DOS 操作系统,内存中的公共数据块受到限制,因此当时计算模型的规模不能超过 1 万阶方程。Microsoft

Windows 操作系统和 32 位的 Intel Pentium 处理器的推出为将 PC 机用于有限元分析提供了必需的软件和硬件支撑平台。因此，当前国际上著名的有限元程序研究和发展机构都纷纷将他们的软件移植到 Wintel 平台上。将在大中型计算机和 EWS 上开发的有限元程序移植到 PC 机上时，常常需要采用 Hummingbird 公司的一个仿真软件 Exceed。这样做的结果是比较麻烦，而且不能充分利用 PC 机的软硬件资源。所以，最近有些公司，例如 IDEAS、ADINA 和 R&D 开始在 Windows 平台上开发有限元程序，称作"本机 Windows"版本，同时还有在 PC 机上的 Linux 操作系统环境中开发的有限元程序包。

6）ANSYS 版本历史演进

1963 年，ANSYS 的创办人约翰·斯旺森(John Swanson)博士写了一些程序来计算加载温度和压力的结构应力和变位。几年下来，在 Wilson 博士原有的有限元素法热传导程序基础上，扩充了不少三维分析的程序，包括板壳、非线性、塑性、潜变、动态全程等。1970 年，商用软件 ANSYS 宣告诞生。1979 年左右，ANSYS 3.0 版开始可以在 VAX11-780 迷你计算机上执行。此时 ANSYS 已经由定格输入模式演化到指令模式，并可以在 Tektronix 4010 及 4014 单色向量绘图屏幕上显示图形。稍微像样一点的模型，通常要花 20～30min 来显示隐线图形。节点和元素都必须一笔一笔建立，完全没有办法汇入外部几何模型。用户大量使用 NGEN、EGEN、RPnnn 等指令来建构模型，当时已有简单的几何前处理器 PREP7。

1984 年，ANSYS 4.0 也开始支持 PC。当时使用的芯片是 Intel 286，使用指令互动的模式，可以在屏幕上绘出简单的节点和元素。在 PC 上的第 1 版 ANSYS，前置处理、后置处理及求解都在不同的程序上执行。1993 年推出 5.0 版，随后 1994 年的 5.1 版已经有 Motif 格式的图形界面，并一直到 6.0 版都维持类似的形态。1996 年，ANSYS 推出 5.3 版，此版是 ANSYS 第一次支持 LS-DYNA 软件。2001 年 ANSYS 推出了 CADfixfor ANSYS 5.6.2/5.7，以解决由外部汇入不同几何模型文件的问题，接着先后并购了 CADOES.A 及 ICEM CFD Engineering。同年 12 月，ANSYS 6.0 版开始发售。此版的离散(sparse)求解模块有显著的改进，不但速度加快，而且内存空间需求大为减小。2002 年 4 月，ANSYS 推出 6.1 版，为大家所熟悉的 Motif 格式图形界面被新的版面取代(用户仍可使用旧界面)，此新的界面是由 Tcl/Tk 发展出来的。此版也支持 Intel Itanium 64 位芯片及 Windows XP 的组合。2002 年 10 月，ANSYS 推出 7.0 版，此版的离散求解模块有更进一步的改进，一般而言效率比 6.0 版提高 20%～30%，在接触分析方面也有一些重大的改进和加强。7.0 版也加入了智能 Workbench 环境(AI Workbench Environment)，这是 ANSYS 合并 ICEM CFD 公司后，采用其技术来改进 ANSYS 的一个重要里程碑。

2006 年 2 月 16 日，ANSYS 公司宣布收购了全球著名的 CAE 仿真软件供应商和技术服务商 Fluent 公司。2019 年 9 月 18 日，ANSYS 公司宣布收购了显性动力学和其他先进有限元分析技术的主要提供商 LSTC 公司。ANSYS 公司 2020 年 7 月 15 日发布了 ANSYS 2020。ANSYS 软件发展到今天，已经具有结构分析、热分析、显示动力学分析、电磁电场分析、流体动力学分析、多物理场耦合分析、优化等众多功能，广泛应用在以下诸多领域：建筑、勘查、地质、水利、交通、电力、测绘、国土、环境、林业、冶金等。

## 1.2　有限元分析基本理论

有限元将一个连续的无限自由度问题变成离散的有限自由度问题进行求解。如果将区域划分成很细的网格，也即单元的尺寸变得越来越小，或随着单元自由度的增加及插值函数精度的提高，解的近似程度将不断被改进。如果单元是满足收敛要求的，近似解最后可收敛于精确解。

有限元法的基本思路是将一个求解区域分割成有限个不重叠且按一定方式相互连接在一起的子域（单元），利用在每一个单元内假设的近似函数来分片地表示全求解域上待求的未知场函数。单元内的场函数通常由未知场函数或其导数在单元各个节点的数值和其插值函数来近似表示，这样，未知场函数或其导数在各个节点上的数值即成为未知量（自由度）。根据单元在边界处相互之间的连续性，将各单元的关系式集合成方程组，求出这些未知量，并通过插值函数计算出各个单元内场函数的近似值，就可得到全求解域上的近似解。

### 1.2.1　有限元分析的基本概念和计算步骤

下面首先以求解连续梁为例，引出结构有限元分析的一些基本概念和计算步骤。

如图 1-1 所示，连续梁承受集中力矩作用。将结构离散为 3 个节点、2 个单元。结构中的节点编号为 1、2、3；单元编号为①、②。

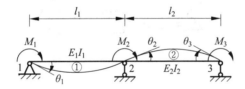

图 1-1　受集中力矩作用的连续梁

**1. 单元分析**

在有限元分析过程中，第一步是进行结构离散，并对离散单元进行分析，分析的目的是得到单元节点的力与位移的关系。单元分析的方法有直接法和能量法，以下采用直接法进行分析。

从连续梁中取出一个典型单元 $e$，左边为节点 $i$，右边为节点 $j$。将节点选择在支承点处，单元两端只产生转角位移 $\theta_i^e$、$\theta_j^e$，顺时针转动为正。独立的单元杆端内力为弯矩 $m_i$、$m_j$，顺时针为正。

记：$\boldsymbol{u}^e = \begin{bmatrix} \theta_i \\ \theta_j \end{bmatrix}^e$ 为单元 $e$ 的节点位移向量；$\boldsymbol{f}^e = \begin{bmatrix} m_i \\ m_j \end{bmatrix}^e$ 为单元 $e$ 的杆端力向量。

根据结构力学位移法可得如下平衡方程：

$$\begin{cases} m_i^e = k_{11}^e \theta_i^e + k_{12}^e \theta_j^e \\ m_j^e = k_{21}^e \theta_i^e + k_{22}^e \theta_j^e \end{cases} \tag{1-1}$$

式中，$k_{11}^e = k_{22}^e = 4i_e$，$k_{21}^e = k_{12}^e = 2i_e$，$i_e = \dfrac{EI}{l}$，$EI$、$l$ 分别为单元 $e$ 的抗弯刚度和长度。

$k_{ij}^e (i, j = 1, 2)$ 的物理意义为节点 $j$ 处发生单位转角引起的 $i$ 处的力矩，将式(1-1)写成矩阵形式为

$$\begin{bmatrix} m_i \\ m_j \end{bmatrix}^e = \begin{bmatrix} k_{11} & k_{12} \\ k_{21} & k_{22} \end{bmatrix}^e \begin{bmatrix} \theta_i \\ \theta_j \end{bmatrix}^e \tag{1-2}$$

或

$$\boldsymbol{f}^e = \boldsymbol{K}^e \boldsymbol{u}^e \tag{1-3}$$

式(1-2)、式(1-3)称为梁单元 $e$ 的刚度方程。式中，$\boldsymbol{K}^e$ 称为梁单元 $e$ 的刚度矩阵，只要知道梁单元的 $EI$、$l$ 就可计算出单元刚度矩阵。

以上分析实现了单元分析的目的，即得到单元刚度方程和单元刚度矩阵。

**2. 整体分析**

有限元分析的第二步是将离散的单元集成整体，组集过程可见图 1-2。在组集过程中，必须满足以下条件：

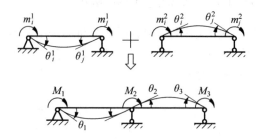

图 1-2　离散的单元集成整体

（1）变形协调

$$\begin{cases} \theta_i^1 = \theta_1 \\ \theta_j^1 = \theta_i^2 = \theta_2 \\ \theta_j^2 = \theta_3 \end{cases} \tag{1-4}$$

（2）节点平衡

$$\begin{cases} \sum M_1 = 0, & M_1 - m_i^1 = 0 \\ \sum M_2 = 0, & M_2 - m_i^2 - m_j^1 = 0 \\ \sum M_3 = 0, & M_3 - m_j^2 = 0 \end{cases} \tag{1-5}$$

将式(1-2)代入式(1-5)可得

$$\begin{cases} 4i_1\theta_i^1 + 2i_1\theta_j^1 = M_1 \\ (2i_1\theta_i^1 + 4i_1\theta_j^1) + (4i_2\theta_i^2 + 2i_2\theta_j^2) = M_2 \\ 2i_2\theta_i^2 + 4i_2\theta_j^2 = M_3 \end{cases} \tag{1-6}$$

将式(1-4)代入式(1-6)，整理得

$$\begin{cases} 4i_1\theta_1 + 2i\theta_2 = M_1 \\ 2i_1\theta_1 + (4i_1 + 4i_2)\theta_2 + 2i_2\theta_3 = M_2 \\ 2i_2\theta_2 + 4i_2\theta_3 = M_3 \end{cases} \tag{1-7}$$

写成矩阵形式,得

$$\begin{bmatrix} 4i_1 & 2i_1 & 0 \\ 2i_1 & 4i_1+4i_2 & 2i_2 \\ 0 & 2i_2 & 4i_2 \end{bmatrix} \begin{bmatrix} \theta_1 \\ \theta_2 \\ \theta_3 \end{bmatrix} = \begin{bmatrix} M_1 \\ M_2 \\ M_3 \end{bmatrix} \tag{1-8}$$

式(1-8)称为结构刚度方程,它实际上是结构的节点平衡方程,记为

$$\boldsymbol{K\Delta} = \boldsymbol{P} \tag{1-9}$$

式中,$\boldsymbol{K}$——该结构的原始刚度矩阵,$\boldsymbol{K} = \begin{bmatrix} 4i_1 & 2i & 0 \\ 2i_1 & 4i_1+4i_2 & 2i_2 \\ 0 & 2i_2 & 4i_2 \end{bmatrix}$;

$\boldsymbol{\Delta}$——该结构的位移向量,$\boldsymbol{\Delta} = \begin{bmatrix} \theta_1 & \theta_2 & \theta_3 \end{bmatrix}^{\mathrm{T}}$;

$\boldsymbol{P}$——该结构的节点荷载向量,$\boldsymbol{P} = \begin{bmatrix} M_1 & M_2 & M_3 \end{bmatrix}^{\mathrm{T}}$。

以上分析实现了整体分析,即得到了结构原始刚度矩阵和结构刚度方程。

**3. 用直接刚度法形成结构刚度矩阵**

前文通过整体分析,建立了节点的平衡方程,即结构的刚度方程,从而得到结构刚度矩阵。但是,要实现电算,不可能对每一具体结构都做一次总体分析,而应该找到一种规律,在确定了节点位移和荷载的排序后,使计算机能够直接由单元刚度矩阵集成结构刚度矩阵,从单元刚度方程得到结构的刚度方程,这一方法称为直接刚度法。下面介绍用直接刚度法直接由单元刚度矩阵集成结构刚度矩阵的过程。

1) 确定结构刚度矩阵的阶数

结构刚度方程中第 $i$ 行,表示该结构第 $i$ 个位移分量上力的平衡方程,因此,如果结构有 $N$ 个独立位移分量,就可列出 $N$ 个独立平衡方程,结构刚度矩阵就是 $N \times N$ 的。本例有 3 个独立的位移分量,故总刚度矩阵必然为 $3 \times 3$ 的,写成

$$\boldsymbol{K} = \begin{bmatrix} k_{11} & k_{12} & k_{13} \\ k_{21} & k_{22} & k_{23} \\ k_{31} & k_{32} & k_{33} \end{bmatrix} \tag{1-10}$$

2) 确定单元刚度矩阵中元素与结构刚度矩阵中元素的关系

若将单元刚度矩阵下标写成位移分量编号的形式:

单元 1：$i=1, j=2$,

$$\boldsymbol{k}^1 = \begin{bmatrix} k_{11}^1 & k_{12}^1 \\ k_{21}^1 & k_{22}^1 \end{bmatrix} \tag{1-11}$$

单元 2：$i=2, j=3$,

$$\boldsymbol{k}^2 = \begin{bmatrix} k_{22}^2 & k_{23}^2 \\ k_{32}^2 & k_{33}^2 \end{bmatrix} \tag{1-12}$$

则有：$k_{11}=k_{11}^1, k_{12}=k_{12}^1, k_{13}=0, k_{21}=k_{21}^1, k_{22}=k_{22}^1+k_{22}^2, k_{23}=k_{23}^2, k_{31}=0, k_{32}=k_{32}^2$，$k_{33}=k_{33}^2$。

可见，若将单元刚度矩阵中元素下标写成位移分量编号的形式，则结构刚度矩阵中任一刚度元素与单元刚度矩阵中元素有如下关系：

$$k_{ij} = \sum_{e=1}^{ne} k_{ij}^e \tag{1-13}$$

式中，$e$——单元号；

$ne$——结构单元总数。

因此，用直接刚度法集成总刚，可归纳为以下几步：

（1）对结构未知量进行编号，确定各未知量在结构刚度方程中的位置（行号）。

（2）确定结构刚度矩阵的阶数 $N$。

（3）对单元 $e$ 进行循环，寻找 $e$ 单元刚度矩阵中各元素下标对应于整体刚度方程中的未知量编号，并按此编号，根据式(1-13)分别叠加到结构总体刚度矩阵中的对应位置上去。

对单元循环完毕后，结构刚度矩阵就形成了。形成结构刚度矩阵是有限元分析过程中十分重要的环节，为了节约计算机存储空间，加快刚度方程求解速度，我们还必须了解结构刚度矩阵具有如下性质：

（1）结构刚度矩阵是 $N \times N$ 的方阵，$N$ 为结构的未知量总数。

（2）结构刚度矩阵是对称阵，即 $k_{ij}=k_{ji}$，这一性质由力-位移互等定理决定。

（3）处于同一单元上的两个未知量称为相关未知量。若两个未知量不相关，则 $k_{ij}=0$。由式(1-13)可知，两个未知量不相关，就没有单元刚度矩阵贡献，因此 $k_{ij}=0$，如本例中 $k_{13}=k_{31}=0$。

（4）结构刚度矩阵为带状矩阵，其非 0 元素分布在主对角线元素附近。

（5）结构刚度矩阵是稀疏阵，非 0 元素很少。对于较大规模的结构，结构刚度矩阵中的非 0 元素只占总元素的 10% 左右。

（6）结构刚度矩阵是非负定矩阵，即对任意不为 0 的 $N$ 维向量 $\boldsymbol{x}$ 有：$\boldsymbol{x}^{\mathrm{T}}\boldsymbol{Kx} \geqslant 0$。

**4. 支承条件的引入**

通常在结构原始刚度矩阵 $\boldsymbol{K}$ 建立以后，才引入支承条件。改变本例中节点 3 的边界条件，如图 1-3 所示，在节点 1 和 2 处转角 $\theta_1$、$\theta_2$ 是未知量，节点力矩 $M_1$、$M_2$ 是已知量，节点 3 是固定端，$M_3$ 为未知量，转角 $\theta_3$ 是已知量，即 $\theta_3=0$。

计算时，我们分两步来进行：

第一步，暂不引入支承条件和荷载情况，先建立原始刚度方程，即式(1-8)。

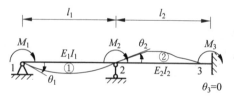

图 1-3 改变节点边界条件的连续梁

第二步，在固定端引入支承条件 $\theta_3=0$，即将

式(1-8)修改为

$$\begin{bmatrix} 4i_1 & 2i & 0 \\ 2i_1 & 4i_1+4i_2 & 2i_2 \\ 0 & 2i_2 & 4i_2 \end{bmatrix} \begin{bmatrix} \theta_1 \\ \theta_2 \\ 0 \end{bmatrix} = \begin{bmatrix} M_1 \\ M_2 \\ M_3 \end{bmatrix} \tag{1-14}$$

为了求解 $\theta_1$、$\theta_2$，可从矩阵方程中取出前面两个方程：

$$\begin{cases} 4i\theta_1 + 2i\theta_2 = M_1 \\ 2i\theta_1 + (4i_1+4i_2)\theta_2 = M_2 \end{cases} \tag{1-15}$$

即

$$\begin{bmatrix} 4i & 2i \\ 2i & 4i_1+4i_2 \end{bmatrix} \begin{bmatrix} \theta_1 \\ \theta_2 \end{bmatrix} = \begin{bmatrix} M_1 \\ M_2 \end{bmatrix} \tag{1-16}$$

式(1-16)就是引入支承条件和荷载情况后得到的位移法基本方程，由此可解出基本未知量 $\theta_1$、$\theta_2$。

将式(1-16)与式(1-8)比较，可以看出，如果在式(1-8)中将 $K$ 的第 3 行和第 3 列划去，同时将右边向量中的相应元素划去，就可直接得出式(1-16)。因此，引入支承条件的问题就归结为划去对应未知量的行与列的问题，这种方法称为划行划列法。

有时，为了能方便计算支反力，我们可以将式(1-8)写成

$$\begin{bmatrix} k_{\alpha\alpha} & k_{\alpha\beta} \\ k_{\beta\alpha} & k_{\beta\beta} \end{bmatrix} \begin{bmatrix} \Delta_\alpha \\ \Delta_\beta \end{bmatrix} = \begin{bmatrix} P_\alpha \\ P_\beta \end{bmatrix} \tag{1-17}$$

式中，$\Delta_\alpha$——未知位移量，$\Delta_\alpha = \begin{bmatrix} \theta_1 \\ \theta_2 \end{bmatrix}$；

$\Delta_\beta$——已知位移，$\Delta_\beta = \theta_3$；

$P_\alpha$——已知荷载向量，$P_\alpha = \begin{bmatrix} M_1 \\ M_2 \end{bmatrix}$；

$P_\beta$——未知荷载向量或支反力，$P_\beta = M_3$。

式(1-17)可写成如下两个独立方程组：

$$k_{\alpha\alpha}\Delta_\alpha + k_{\alpha\beta}\Delta_\beta = P_\alpha \tag{1-18}$$

$$k_{\beta\alpha}\Delta_\alpha + k_{\beta\beta}\Delta_\beta = P_\beta \tag{1-19}$$

由于 $\Delta_\beta = \theta_3 = 0$，所以式(1-18)等价于式(1-16)。

当 $\Delta_\alpha$ 求得后，代入式(1-19)则可求得支反力：

$$P_\beta = k_{\beta\alpha}\Delta_\alpha + 0 \tag{1-20}$$

对于本例，即

$$M_3 = k_{\beta\alpha}\Delta_\alpha = \begin{bmatrix} 0 & 2i_2 \end{bmatrix} \begin{bmatrix} \theta_1 \\ \theta_2 \end{bmatrix} = 2i_2\theta_2 \tag{1-21}$$

由此可见，要计算支反力，必须先将已知位移对应的刚度矩阵元素 $k_{\beta\alpha}$ 提取出来，然后再划行划列。

在程序计算中，希望将引入支座后的矩阵仍保留原来的阶数且未知量排列顺序不变，为此，可将式(1-16)扩大成如下形式：

$$\begin{bmatrix} 4i_1 & 2i_1 & 0 \\ 2i_1 & 4i_1 + 4i_2 & 0 \\ 0 & 0 & 1 \end{bmatrix} \begin{bmatrix} \theta_1 \\ \theta_2 \\ \theta_3 \end{bmatrix} = \begin{bmatrix} P_1 \\ P_2 \\ 0 \end{bmatrix} \tag{1-22}$$

即对原始刚度矩阵先提取对应于已知位移向量的刚度元素,以备计算支座反力用,再将原始刚度矩阵中这些元素全部置 0,对角线元素置 1。荷载向量中对应的元素也置 0。这种处理约束的方法称为充 0 置 1 法。

**5. 非节点荷载的处理**

如果在单元内有非节点荷载,就不可能直接建立结构刚度方程,因为结构刚度方程表示的是节点力的平衡方程。如图 1-4(a)所示结构具有 3 个节点,2 个单元,$M_1$、$M_2$、$M_3$ 为节点荷载,$M'$、$M''$ 为非节点荷载。要解决这个问题,需用等效节点荷载代替非节点荷载来分析整体结构受力,处理原则为使等效节点荷载作用下结构的节点位移与实际荷载作用下的结构节点位移相等。具体可按如下步骤处理。

1)求等效节点荷载

计算非节点荷载的等效节点荷载时可分两步进行。

第一步:在各节点加上约束,阻止节点发生位移,计算结构上所有非节点荷载的效应,如图 1-4(b)所示,其中 $M_{01}$、$M_{02}$、$M_{03}$ 为非节点荷载在增加的约束中引起的反力(弯矩)。

单元①、②产生的固端力矩(加脚标 0 表示固端力矩)为

$$\boldsymbol{M}_0^{(1)} = \begin{bmatrix} M_{0i} \\ M_{0j} \end{bmatrix}^{(1)}, \quad (\boldsymbol{M}_0)^{(2)} = \begin{bmatrix} M_{0i} \\ M_{0j} \end{bmatrix}^{(2)} \tag{1-23}$$

各节点增加的约束中的反力分别为与该节点相关联单元的固端力矩之和:

$$\boldsymbol{M}_0 = \begin{bmatrix} M_{01} \\ M_{02} \\ M_{03} \end{bmatrix} = \begin{bmatrix} M_{0i}^{(1)} \\ M_{0j}^{(1)} + M_{0i}^{(2)} \\ M_{0j}^{(2)} \end{bmatrix} \tag{1-24}$$

第二步:去掉各节点的约束,相当于在各节点施加外力矩向量 $\boldsymbol{P} = -\boldsymbol{M}_0$,再叠加上原有的节点荷载 $M_1$、$M_2$、$M_3$,总的节点荷载如图 1-4(c)所示。

显然,把图 1-4(b)和(c)两种情况叠加就得到图 1-4(a)给出的情况。图 1-4(c)中的节点荷载 $\boldsymbol{P}$ 称为结构非节点荷载的等效节点荷载,而式(1-23)中的单元固端力矩 $\boldsymbol{M}_0^{(1)}$、$\boldsymbol{M}_0^{(2)}$ 叫作相应单元荷载的等效节点荷载。

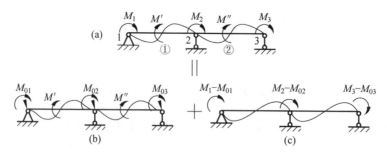

图 1-4 单元内有非节点荷载作用的连续梁

2）求各杆端弯矩

连续梁在非节点荷载作用下的杆端弯矩由两部分组成，一部分是在节点加阻止位移的约束时非节点荷载作用下的杆端弯矩；另一部分是在等效节点力荷载作用下的杆端弯矩。第二部分的计算方法在前面已详细讨论，即先由式(1-8)求出结构的位移向量Δ，然后代入式(1-2)计算杆端力。

将两部分杆端力进行叠加，即得非节点荷载作用下各杆的杆端弯矩：

$$\begin{bmatrix} M_i \\ M_j \end{bmatrix}^e = \begin{bmatrix} k_{11} & k_{12} \\ k_{21} & k_{22} \end{bmatrix}^e \begin{bmatrix} \theta_i \\ \theta_j \end{bmatrix}^e + \begin{bmatrix} M_{0i} \\ M_{0j} \end{bmatrix}^e, \quad e = 1, 2 \tag{1-25}$$

**6. 有限元分析的基本步骤**

有限元分析的实施过程可分为三个阶段。前处理阶段：将整体结构或其一部分简化为理想的数学力学模型，用离散化的单元代替连续实体结构或求解区域。分析计算阶段：运用有限元法对结构离散模型进行分析计算。后处理阶段：对计算结果进行分析、整理和归纳。

以上讨论尽管只是针对两跨连续梁进行的，但其分析阶段的思想及计算步骤却代表了所有复杂结构的有限元静力分析过程。因此，读者必须熟练掌握这一过程的每一环节，领会其分析思路。为了便于理解，将有限元分析的基本步骤归纳成以下几点：

（1）结构简化与离散化，并对离散结构进行单元、节点编号；

（2）整理原始数据，包括单元、节点、材料、几何特性、荷载信息等；

（3）形成各单元的单元刚度矩阵；

（4）形成结构原始刚度矩阵；

（5）形成结构荷载向量，它是节点力与非节点力的总效应；

（6）引入支承条件；

（7）解方程计算节点位移；

（8）求各单元内力和各支承反力。

不同结构的有限元分析具有以下区别：

（1）描述结构的单元形式不同——一种单元将对应一种单刚；

（2）单元的节点未知量个数不同——平面刚架单元为3，空间刚架单元为6，等等。

具体结构形式可以做具体的有限元分析。桥梁结构一般为空间复合结构，它的离散模型可由梁、板、壳以及三维实体单元组合而成，复杂结构的单元分析一般采用能量法推导。但为了简化计算，一般可将其近似为杆系结构，因此，下一节将用能量法描述有限元分析的原理和单元分析方法。

## 1.2.2　基于最小势能原理的有限元法

工程实际中的很多固体力学问题可归结为两种描述：微分方程和能量原理。但是，其中一部分最终可归结为求解微分方程边值问题，而另一部分则不可能。然而，就是边值问题部分也有难度，因为除特别简单的情形外，一般很难求得其解析解，好在工程实际一般只要求具有足够精度的近似解就可以了。而采用有限元法，无论对哪一部分都可以用统一的计算格式求出满足工程精度要求的近似解。建立有限元法计算格式的理论基础是分割原理和最小势能原理。

### 1. 分割原理

人们早就知道,方砖可以砌成圆井,直锯可以割出曲板,任意的连续曲线或曲面都可以分割成许多小段或小块,然后用折线或折面来近似地取代。古希腊的数学家和物理学家阿基米德(Archimedes)已经在面积、体积的计算方法中引进了分割取代的方法,公元 3 世纪我国的数学家刘徽也提出了割圆术,即分割原理:"割之弥细,所失弥少,割之又割,以至于不可割,则与圆周合体而无所失矣。"用现代语言解释就是:分割越细,逼真度越高。

有限元法运用和发展了这一思想,把许多任意形状的结构或连续体分割成有限个"基本单元"的组合,并根据这些基本单元来计算整体结构的能量,这也正是"有限元"这个形象化名称的来源。

### 2. 最小势能原理

最小势能原理:在给定外载荷作用下,对于稳定平衡系统,在满足位移边界的所有各组位移中,实际位移使弹性系统的总势能最小。

在分割原理的基础上,利用最小势能原理就可以把有限元法的计算方程(1-1)推导出来。系统的能量极值原理,或变分原理指出:在所有满足内连续条件和运动学边界条件的位移中,满足平衡方程的位移使体系的总势能取驻值。如果驻值是极小值,则平衡是稳定的;反之,使系统势能取驻值的位移函数,则是表达平衡状态的微分方程的解。

上述原理对具有一个或多个平衡位置的非线性保守系统也是有效的。注意,这里只考虑满足连续条件的"可能位置"。从工程实际来说,一个连续体不允许内部相互分离,一个悬臂梁不允许有"铰",或在它的固定端发生转动或位移。即体系的可能位置要满足内部的连续条件和运动学的边界条件。

采用最小势能原理建立有限元方程可以归结为以下步骤:

(1)以单元坐标系中的单元节点位移$\boldsymbol{\delta}^e$为待定参数,引入插值函数$\boldsymbol{N}^e$,给出单元内的位移函数:

$$\boldsymbol{a}^e = \boldsymbol{N}^e \boldsymbol{\delta}^e \tag{1-26}$$

(2)用单元节点位移$\boldsymbol{\delta}^e$表示单元应变和单元应力:

$$\boldsymbol{\varepsilon}^e = L\boldsymbol{a}^e = \boldsymbol{B}^e \boldsymbol{\delta}^e \tag{1-27}$$

$$\boldsymbol{\sigma}^e = \boldsymbol{D}^e \boldsymbol{\varepsilon}^e = \boldsymbol{D}^e \boldsymbol{B}^e \boldsymbol{\delta}^e \tag{1-28}$$

式中,$\boldsymbol{B}^e$——应变(几何)矩阵,$\boldsymbol{B}^e = L\boldsymbol{N}^e$;

$L$——一阶微分算子;

$\boldsymbol{D}^e$——弹性矩阵。

(3)每个单元的势能为

$$\Pi_p^e = \boldsymbol{\delta}^{e\mathrm{T}} \left( \frac{1}{2} \int_{V^e} \boldsymbol{B}^{e\mathrm{T}} \boldsymbol{D}^e \boldsymbol{B}^e \mathrm{d}V \, \boldsymbol{\delta}^e - \int_{V^e} \boldsymbol{N}^{e\mathrm{T}} \boldsymbol{f}^e \mathrm{d}V - \int_{S_0^e} \boldsymbol{N}^{e\mathrm{T}} \boldsymbol{H}^e \mathrm{d}S \right) - \boldsymbol{\delta}^{e\mathrm{T}} \boldsymbol{P}_F^e \tag{1-29}$$

式中,$\boldsymbol{f}^e$——单元的体积力;

$\boldsymbol{H}^e$——单元的表面力;

$\boldsymbol{P}_F^e$——单元的节点力。

（4）根据最小势能原理 $\delta\varPi_p^e=0$，建立单元坐标系内的单元刚度方程

$$\boldsymbol{K}^e\boldsymbol{\delta}^e=\boldsymbol{p}^e \tag{1-30}$$

$$\boldsymbol{K}^e=\int_{V^e}\boldsymbol{B}^{e^{\mathrm{T}}}\boldsymbol{D}^e\boldsymbol{B}^e\,\mathrm{d}V \tag{1-31}$$

$$\boldsymbol{p}^e=\int_{V^e}\boldsymbol{N}^{e^{\mathrm{T}}}\boldsymbol{f}^e\,\mathrm{d}V+\int_{S_0^e}\boldsymbol{N}^{e^{\mathrm{T}}}\boldsymbol{H}^e\,\mathrm{d}S+\boldsymbol{P}_F^e \tag{1-32}$$

式中，$\boldsymbol{K}^e$——单元坐标系中的单元刚度矩阵；

　　$\boldsymbol{p}^e$——单元坐标系中的右端荷载向量。

（5）用结构坐标系内的节点位移 $\boldsymbol{\delta}$ 表示单元坐标系内的节点位移 $\boldsymbol{\delta}^e$：

$$\boldsymbol{\delta}^e=\boldsymbol{T}^e\boldsymbol{\delta} \tag{1-33}$$

式中，$\boldsymbol{T}^e$——单元的转换矩阵。

（6）得到系统总势能的离散形式：

$$\varPi_p=\boldsymbol{\delta}^{\mathrm{T}}\sum_e\boldsymbol{T}^{e^{\mathrm{T}}}\left(\frac{1}{2}\int_{V^e}\boldsymbol{B}^{e^{\mathrm{T}}}\boldsymbol{D}^e\boldsymbol{B}^e\,\mathrm{d}V\boldsymbol{T}^e\,\boldsymbol{\delta}-\int_{V^e}\boldsymbol{N}^{e^{\mathrm{T}}}\boldsymbol{f}^e\,\mathrm{d}V-\right.$$

$$\left.\int_{S_0^e}\boldsymbol{N}^{e^{\mathrm{T}}}\boldsymbol{H}^e\,\mathrm{d}S-\boldsymbol{\delta}^{\mathrm{T}}\boldsymbol{P}_F\right) \tag{1-34}$$

（7）根据最小势能原理 $\delta\varPi_p=0$，建立结构的总体刚度方程：

$$\boldsymbol{K}\boldsymbol{\delta}=\boldsymbol{P} \tag{1-35}$$

$$\boldsymbol{K}=\sum_e\boldsymbol{T}^{e^{\mathrm{T}}}\int_{V^e}\boldsymbol{B}^{e^{\mathrm{T}}}\boldsymbol{D}^e\boldsymbol{B}^e\,\mathrm{d}V\boldsymbol{T}^e=\sum_e\boldsymbol{T}^{e^{\mathrm{T}}}\boldsymbol{k}^e\boldsymbol{T}^e \tag{1-36}$$

$$\boldsymbol{P}=\sum_e\boldsymbol{T}^{e^{\mathrm{T}}}\left(\int_{V^e}\boldsymbol{N}^{e^{\mathrm{T}}}\boldsymbol{f}^e\,\mathrm{d}V+\int_{S_0^e}\boldsymbol{N}^{e^{\mathrm{T}}}\boldsymbol{H}^e\,\mathrm{d}S\right)+\boldsymbol{P}_F \tag{1-37}$$

式中，$\boldsymbol{K}$——总体刚度矩阵；

　　$\boldsymbol{P}$——总体右端荷载向量。

（8）在式（1-35）中引入强制边界条件，解方程得到节点位移。

（9）做必要的辅助计算得到结构中的内力、应力以及约束反力等。

**3. 二力杆单元的刚度方程**

假设应力在截面上均匀分布，原来垂直于轴线的截面变形后仍保持和轴线垂直，问题可以简化为一维问题。基本未知量是轴向位移函数 $u^e(x)$，承受轴向荷载的等截面二力杆单元的基本方程如下：

几何方程：

$$\varepsilon^e(x)=\mathrm{d}[u^e(x)]/\mathrm{d}x \tag{1-38}$$

物理方程：

$$\sigma^e(x)=E^e\varepsilon^e(x)=E^e\,\mathrm{d}[u^e(x)]/\mathrm{d}x \tag{1-39}$$

平衡方程：

$$\frac{\mathrm{d}[A^e\sigma^e(x)]}{\mathrm{d}x}=f(x)\quad\text{或}\quad A^eE^e\frac{\mathrm{d}^2[u^e(x)]}{\mathrm{d}x^2}=f(x) \tag{1-40}$$

边界条件：

$$u^e(0) = u_0^e, \quad u^e(l^e) = u_{l^e}^e \text{（端部给定位移）} \tag{1-41}$$

$$A^e\sigma^e(0) = P_0^e, \quad A^e\sigma^e(l^e) = P_{l^e}^e \text{（端部给定荷载）} \tag{1-42}$$

与上述方程等效，可将问题转换为求解泛函（势能）的极值问题：

$$\Pi_p^e(u^e) = \int_0^{l^e} \frac{E^e A^e}{2}\left(\frac{\mathrm{d}u^e}{\mathrm{d}x}\right)^2 \mathrm{d}x - \int_0^{l^e} f^e(x)u^e \mathrm{d}x \tag{1-43}$$

式中，$f^e(x)$ 为单元上的分布荷载，集中荷载（包括节点荷载）作为分布荷载的特殊情况也包括在内。对二力杆单元，杆端有两个位移：

$$\boldsymbol{u}^e = \begin{bmatrix} u_i & u_j \end{bmatrix}^{\mathrm{T}} \tag{1-44}$$

取插值函数为

$$\boldsymbol{N} = \begin{bmatrix} 1 - \dfrac{x}{l} & \dfrac{x}{l} \end{bmatrix} \tag{1-45}$$

有 $u^e(x) = \boldsymbol{N}\boldsymbol{u}^e$，代入泛函并由 $\delta\Pi_p^e = 0$ 得到单元刚度方程为

$$\boldsymbol{K}^e\boldsymbol{u}^e = \boldsymbol{p}^e \tag{1-46}$$

式中，$\boldsymbol{K}^e$——等截面二力杆单元的单元刚度矩阵；

$\boldsymbol{p}^e$——单元右端荷载向量。

其表达式为

$$\boldsymbol{K}^e = \int_0^{l^e} E^e A^e \left(\frac{\mathrm{d}\boldsymbol{N}}{\mathrm{d}x}\right)^{\mathrm{T}}\left(\frac{\mathrm{d}\boldsymbol{N}}{\mathrm{d}x}\right)\mathrm{d}x = \frac{E^e A^e}{l^e}\begin{bmatrix} 1 & -1 \\ -1 & 1 \end{bmatrix} \tag{1-47}$$

$$\boldsymbol{p}^e = \int_0^{l^e} \boldsymbol{N}^{\mathrm{T}} f^e(x)\mathrm{d}x \tag{1-48}$$

**4. 自由扭转杆单元的刚度方程**

在自由扭转情况下，等截面直杆承受扭矩荷载作用，基本未知量是转角位移函数 $\theta_x^e(x)$，其基本方程为：

几何方程：

$$\alpha^e(x) = \frac{\mathrm{d}\theta_x^e(x)}{\mathrm{d}x} \tag{1-49}$$

物理方程：

$$M_x^e(x) = G^e J^e \alpha^e(x) = G^e J^e \frac{\mathrm{d}\theta_x^e(x)}{\mathrm{d}x} \tag{1-50}$$

平衡方程：

$$\frac{\mathrm{d}M_x^e(x)}{\mathrm{d}x} = G^e J^e \frac{\mathrm{d}^e\theta_x^e(x)}{\mathrm{d}x^2} = m_x^e(x) \tag{1-51}$$

边界条件：

$$\theta_x^e(0) = \theta_{x0}^e, \quad \theta_x^e(l^e) = \theta_{xl^e}^e \text{（端部给定转角）} \tag{1-52}$$

$$M_x^e(0) = M_{x0}^e, \quad M_x^e(l^e) = M_{xl^e}^e \text{（端部给定扭矩）} \tag{1-53}$$

与上述方程等效，可将问题转换为求解泛函（势能）

$$\Pi_p^e(\theta_x^e) = \int_0^{l^e} \frac{G^e J^e}{2}\left(\frac{\mathrm{d}\theta_x^e}{\mathrm{d}x}\right)^2 \mathrm{d}x - \int_0^{l^e} m_x^e(x)\theta_x^e \mathrm{d}x \tag{1-54}$$

的极值问题。式中，$m_x^e(x)$ 为单元的分布扭矩，集中扭矩(包括节点扭矩)作为分布扭矩的特殊情况也包括在内。

对两节点扭转杆单元，杆端有两个位移：

$$\boldsymbol{\theta}_x^e = \begin{bmatrix} \theta_{xi} & \theta_{xj} \end{bmatrix}^{\mathrm{T}} \tag{1-55}$$

取插值函数为

$$\boldsymbol{N} = \begin{bmatrix} 1 - \dfrac{x}{l} & \dfrac{x}{l} \end{bmatrix} \tag{1-56}$$

有 $\theta_x^e(x) = \boldsymbol{N}\boldsymbol{\theta}_x^e$，代入泛函并由 $\delta \Pi_p^e = 0$ 得到单元刚度方程为

$$\boldsymbol{K}^e \boldsymbol{\theta}_x^e = \boldsymbol{p}^e \tag{1-57}$$

式中，$\boldsymbol{K}^e$——等截面自由扭转杆单元的单元刚度矩阵；

$\quad\boldsymbol{p}^e$——单元右端荷载向量。

其表达式为

$$\boldsymbol{K}^e = \int_0^{l^e} G^e J^e \left(\frac{\mathrm{d}\boldsymbol{N}}{\mathrm{d}x}\right)^{\mathrm{T}} \left(\frac{\mathrm{d}\boldsymbol{N}}{\mathrm{d}x}\right) \mathrm{d}x = \frac{G^e J^e}{l^e} \begin{bmatrix} 1 & -1 \\ -1 & 1 \end{bmatrix} \tag{1-58}$$

$$\boldsymbol{p}^e = \int_0^{l^e} \boldsymbol{N}^{\mathrm{T}} m_x^e(x) \mathrm{d}x \tag{1-59}$$

**5. 平面梁单元的刚度方程**

在经典的梁弯曲理论中，假设变形前垂直于直梁中心线的截面变形后仍保持为平面，且仍垂直于中心线，从而使梁弯曲问题简化为一维问题。基本未知函数是中面挠曲函数 $w^e(x)$，弯曲问题的基本方程如下：

几何关系：

$$\kappa^e(x) = -\frac{\mathrm{d}^2 w^e(x)}{\mathrm{d}x^2} \tag{1-60}$$

物理方程：

$$M^e(x) = E^e I^e \kappa^e(x) = -E^e I^e \frac{\mathrm{d}^2 w^e(x)}{\mathrm{d}x^2} \tag{1-61}$$

平衡方程：

$$Q^e(x) = \frac{\mathrm{d}M^e(x)}{\mathrm{d}x} = -E^e I^e \frac{\mathrm{d}^3 M^e(x)}{\mathrm{d}x^3}$$

$$-\frac{\mathrm{d}Q^e(x)}{\mathrm{d}x} = E^e I^e \frac{\mathrm{d}^4 M^e(x)}{\mathrm{d}x^4} = q^e(x) \tag{1-62}$$

边界条件：

$$w^e = \bar{w}^e \quad \text{且} \quad \frac{\mathrm{d}w^e}{\mathrm{d}x} = \bar{\theta}^e \, (x=0 \text{ 或 } x=l^e)$$

$$\text{或 } w^e = \bar{w}^e \quad \text{且} \quad M = \bar{M} \, (x=0 \text{ 或 } x=l^e) \tag{1-63}$$

$$\text{或 } Q = \bar{Q} \quad \text{且} \quad M = \bar{M} \, (x=0 \text{ 或 } x=l^e)$$

式中，$\kappa^e(x)$ 是梁中面的曲率，3 种边界条件为零时分别对应于固定端、简支端、自由端。

与上述方程等效，可将问题转换为求解泛函(势能)

$$\Pi_p^e(w^e) = \int_0^{l^e} \frac{1}{2} E^e I^e \left(\frac{d^2 w^e}{dx^2}\right)^2 dx - \int_0^{l^e} q^e(x) w^e \, dx - \sum_j P_j^e w_j^e + \sum_k M_k^e \left(\frac{dw^e}{dx}\right)_k$$

(1-64)

的极值问题。式中,$q^e(x)$ 为单元的分布荷载;$P_j^e$、$M_k^e$ 分别为集中横向力和集中弯矩。

在分析梁弯曲问题时,通常采用两节点 Hermite 弯曲梁单元,杆端有 4 个位移:

$$\boldsymbol{\delta}^e = [w_i \quad \theta_i \quad w_j \quad \theta_j]^{\mathrm{T}}$$

(1-65)

插值函数为

$$\boldsymbol{N} = \left[\frac{2x^3}{l^3} - \frac{3x^2}{l^2} + 1 \quad \frac{x^3}{l^2} - \frac{2x^2}{l} + x \quad -\frac{2x^3}{l^3} + \frac{3x^2}{l^2} \quad \frac{x^3}{l^2} - \frac{x^2}{l}\right]$$

(1-66)

有 $w^e(x) = \boldsymbol{N}\boldsymbol{\delta}^e$,代入泛函并由 $\delta\Pi_p^e = 0$ 得到单元刚度方程为

$$\boldsymbol{K}^e \boldsymbol{\delta}^e = \boldsymbol{p}^e$$

(1-67)

式中,$\boldsymbol{K}^e$——等截面梁单元的单元刚度矩阵;

$\boldsymbol{p}^e$——单元右端荷载向量。

它们的表达式为

$$\boldsymbol{K}^e = \int_0^{l^e} E^e I^e \left(\frac{d^2 \boldsymbol{N}}{dx^2}\right)^{\mathrm{T}} \left(\frac{d^2 \boldsymbol{N}}{dx^2}\right) dx = \frac{E^e I^e}{l^{e^3}} \begin{bmatrix} 12 & 6l^e & -12 & 6l^e \\ 6l^e & 4l^{e^2} & -6l^e & 2l^{e^2} \\ -12 & -6l^e & 12 & -6l^e \\ 6l^e & 2l^{e^2} & 6l^e & 4l^{e^2} \end{bmatrix}$$

(1-68)

$$\boldsymbol{p}^e = \int_0^{l^e} \boldsymbol{N}^{\mathrm{T}} q^e(x) dx + \sum_j \boldsymbol{N}_{x_j}^{\mathrm{T}} P_j - \sum_k \left.\frac{d\boldsymbol{N}^{\mathrm{T}}}{dx}\right|_{x_j} M_k$$

(1-69)

### 1.2.3　杆系结构的非线性分析理论

**1. 概述**

经典线性理论基于 3 个基本假定,即材料的应力、应变关系满足广义胡克定律;位移是微小的;约束是理想约束。这些假定使得弹性力学中的 3 组基本方程(本构方程、几何运动方程和平衡方程)成为线性。只要基本假定中任何一个失效时,问题就转化为非线性。表 1-1 给出了非线性问题的分类及基本特点。

**表 1-1　非线性问题的分类及基本特点**

| 非线性问题 | 定　义 | 特　点 | 桥梁工程中的典型问题 |
|---|---|---|---|
| 材料非线性 | 由材料的非线性应力、应变关系引起基本控制方程的非线性问题 | 材料不满足胡克定律 | 混凝土徐变、收缩和弹塑性问题 |
| 几何非线性 | 放弃小位移假设,从几何上严格分析单元体的尺寸、形状变化,得到非线性的几何运动方程,由此造成基本控制方程的非线性问题 | 几何运动方程为非线性。平衡方程建立在结构变形后的位置上,结构刚度除了与材料及初始构形有关外,与受载后的应力、位移也有关 | 柔性结构的恒载状态确定问题;柔性结构的恒、活载计算问题;桥梁结构的稳定分析问题 |
| 接触问题 | 不满足理想约束假定而引起的边界约束方程的非线性问题 | 受力后的边界条件在求解前未知 | 悬索桥主缆与鞍座的接触状态;支架上预应力梁张拉后的部分落架现象 |

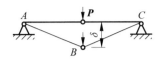

图 1-5 受集中力的二力杆

如图 1-5 所示结构按线性理论求解无法找到平衡位置。几何非线性理论将平衡方程建立在结构变形后的位置上。按几何非线性分析方法处理如图 1-5 所示结构,在外力 $P$ 作用下,$B$ 点产生竖向位移,当位移达到一定值 $\delta$ 时,$AB$、$BC$ 两杆件中轴力的竖向分力与 $P$ 平衡,$\delta$ 即为 $B$ 点位移的解。可见,受力状态因变形而发生明显改变时,就必须用几何非线性方法进行分析。

凡是在本构关系中放弃材料线性关系假定的理论,均属材料非线性范畴。根据不同的材料性态,又可以分成表 1-2 给出的几种不同的材料非线性问题。

表 1-2　几种材料非线性问题

| 材料非线性问题 | 特　　征 |
|---|---|
| 非线性弹性 | (1) 本构方程仅有应力、应变两参数;<br>(2) 卸载后无残余应变存在 |
| 非线性塑性 | (1) 本构方程仅有应力、应变两参数;<br>(2) 卸载后有残余应变存在 |
| 金属蠕变与混凝土徐变 | 即使荷载不变,随着时间的变化,结构也会发生明显的变形 |
| 黏弹性 | (1) 应力-应变关系为弹性性质;<br>(2) 应力-应变关系与加载速率有关 |
| 黏塑性 | (1) 超过屈服应力时,材料呈弹塑性性质;<br>(2) 应力-应变关系与应变率有关 |

桥梁结构以钢和混凝土作为主要建材,因此,涉及的材料非线性主要是非线性弹塑性问题和混凝土徐变问题。

**2. 几何非线性分析**

在整个分析过程中,以 $t=0$ 时的构形作为参考,且参考位形保持不变,这种列式称为总体拉格朗日列式(T. L 列式)。

以杆系结构为例,对于任意应力-应变关系与几何运动方程,杆单元的平衡方程可由虚功原理推导得到:

$$\int_V \boldsymbol{B}^\mathrm{T} \boldsymbol{\sigma} \mathrm{d}V - \boldsymbol{f} = \boldsymbol{0} \tag{1-70}$$

式中,$\boldsymbol{\sigma}$ ——单元的应力向量;

$\boldsymbol{f}$ ——单元杆端力向量;

$V$ ——单元体积分域,对 T. L 列式 $V$ 是变形前的单元体积分域;

$\boldsymbol{B}$ ——应变矩阵,是单元应变与节点位移的关系矩阵,即

$$\mathrm{d}\boldsymbol{\varepsilon} = \boldsymbol{B}\mathrm{d}\boldsymbol{\delta} \tag{1-71}$$

式中,$\boldsymbol{\delta}$ ——杆端位移向量。

在有限位移情况下 $\boldsymbol{B}$ 是位移 $\boldsymbol{\delta}$ 的函数矩阵,可分解为与杆端位移无关的部分 $\boldsymbol{B}_0$ 和与杆端位移有关的部分 $\boldsymbol{B}_L$,即

$$\boldsymbol{B} = \boldsymbol{B}_0 + \boldsymbol{B}_L \tag{1-72}$$

采用增量列式法将式(1-70)写成微分形式:

$$\int_V d(\boldsymbol{B}^T \boldsymbol{\sigma}) dV - d\boldsymbol{f} = \boldsymbol{0} \tag{1-73}$$

或

$$\int_V d\boldsymbol{B}^T \boldsymbol{\sigma} dV + \int_V \boldsymbol{B}^T d\boldsymbol{\sigma} dV = d\boldsymbol{f} \tag{1-74}$$

根据式(1-72),式(1-74)左边第一项可写成

$$\int_V d\boldsymbol{B}^T \boldsymbol{\sigma} dV = \int_V d\boldsymbol{B}_L^T \boldsymbol{\sigma} dV = {}^0\boldsymbol{K}_\sigma d\boldsymbol{\delta} \tag{1-75}$$

当材料满足线弹性时,有

$$\boldsymbol{\sigma} = \boldsymbol{D}(\boldsymbol{\varepsilon} - \boldsymbol{\varepsilon}_0) + \boldsymbol{\sigma}_0 \tag{1-76}$$

式中,$\boldsymbol{\varepsilon}_0$——单元的初应变向量;

$\quad\boldsymbol{\sigma}_0$——单元的初应力向量;

$\quad\boldsymbol{D}$——弹性矩阵。

于是,单元的应力、应变增量关系可表示成

$$d\boldsymbol{\sigma} = \boldsymbol{D} d\boldsymbol{\varepsilon} \tag{1-77}$$

将式(1-71)、式(1-72)代入式(1-77)得

$$d\boldsymbol{\sigma} = \boldsymbol{D}(\boldsymbol{B}_0 + \boldsymbol{B}_L) d\boldsymbol{\delta} \tag{1-78}$$

于是,式(1-74)左边第二项可表示为

$$\int_V \boldsymbol{B}^T d\boldsymbol{\sigma} dV = \left( \int_V \boldsymbol{B}_0^T \boldsymbol{D} \boldsymbol{B}_0 dV + \int_V \boldsymbol{B}_0^T \boldsymbol{D} \boldsymbol{B}_L dV + \right.$$
$$\left. \int_V \boldsymbol{B}_L^T \boldsymbol{D} \boldsymbol{B}_0 dV + \int_V \boldsymbol{B}_L^T \boldsymbol{D} \boldsymbol{B}_L dV \right) d\boldsymbol{\delta} \tag{1-79}$$

记

$$ {}^0\boldsymbol{K}_0 = \int_V \boldsymbol{B}_0^T \boldsymbol{D} \boldsymbol{B}_0 dV \tag{1-80}$$

$$ {}^0\boldsymbol{K}_L = \int_V \boldsymbol{B}_0^T \boldsymbol{D} \boldsymbol{B}_L dV + \int_V \boldsymbol{B}_L^T \boldsymbol{D} \boldsymbol{B}_0 dV + \int_V \boldsymbol{B}_L^T \boldsymbol{D} \boldsymbol{B}_L dV \tag{1-81}$$

则式(1-74)最后可表示为

$$({}^0\boldsymbol{K}_0 + {}^0\boldsymbol{K}_L + {}^0\boldsymbol{K}_\sigma) d\boldsymbol{\delta} = {}^0\boldsymbol{K}_T d\boldsymbol{\delta} = d\boldsymbol{f} \tag{1-82}$$

式(1-82)就是增量形式 T. L 列式的单元平衡方程。式中 ${}^0\boldsymbol{K}_T$ 是三个刚度矩阵之和,称为单元切线刚度矩阵,它表示荷载增量与位移增量之间的关系,也可理解为单元在特定应力、变形下的瞬时刚度。${}^0\boldsymbol{K}_0$ 与单元节点位移无关,是单元弹性刚度矩阵;${}^0\boldsymbol{K}_L$ 称为单元初位移刚度矩阵或单元大位移刚度矩阵,是由大位移引起的结构刚度变化,是 $d\boldsymbol{\delta}$ 的函数;${}^0\boldsymbol{K}_\sigma$ 称为初应力刚度矩阵,它表示初应力对结构刚度的影响,当应力为压应力时,单元切线刚度减小,反之单元切线刚度增加。

将各单元切线刚度方程按节点力平衡条件组集成结构增量刚度方程,即有

$$ {}^0\boldsymbol{K}_T d\boldsymbol{\Delta} = d\boldsymbol{P} \tag{1-83}$$

式中,${}^0\boldsymbol{K}_T$——结构切线刚度矩阵,可以由单元切线刚度矩阵按常规方法进行组集形成;

$\quad d\boldsymbol{P}$——荷载增量。由于荷载增量一般取有限值而不可能取成微分形式,结构在求得的位移状态下,抗力与总外荷载之间有一差量,即失衡力,结构必须产生相应位移以改变结构的抗力来消除这个失衡力。在计算中,一般通过迭代法来求解。

在建立 $t+\Delta t$ 时刻物体平衡方程时,如果我们选择的参照构形不是未变形状态 $t=0$ 时的构形,而是最后一个已知平衡状态,即以本增量步的起始时刻 $t$ 的构形作为参照构形,则这种列式法称为更新的拉格朗日列式法(U.L 列式)。

由于采用了 U.L 列式,平衡方程式(1-74)中的积分须在 $t$ 时刻单元体积内进行,且 ${}^{t}\boldsymbol{K}_{L}$ 的积分式是 ${}^{t}\boldsymbol{K}_{0}$ 的一阶或二阶小量,因此,代表 $\boldsymbol{K}_{L}$ 的积分式可以略去。这是 U.L 列式与 T.L 列式的一个重要区别。最后增量形式的 U.L 列式平衡方程可写成

$$({}^{t}\boldsymbol{K}_{0}+{}^{t}\boldsymbol{K}_{\sigma})\mathrm{d}\boldsymbol{\Delta}=\mathrm{d}\boldsymbol{P} \tag{1-84}$$

### 3. 材料非线性分析

桥梁结构材料非线性问题主要是非线性弹塑性问题和混凝土徐变问题,下面介绍非线性弹塑性问题的分析方法。

根据实验结果,单轴应力下材料的应力、应变关系可归结为如下几点:

(1) 应力在达到比例极限前,材料为线弹性;应力在比例极限和弹性极限之间,材料为非线弹性。

(2) 应力超过屈服点,材料应变中出现不可恢复的塑性应变

$$\varepsilon=\varepsilon^{e}+\varepsilon^{p} \tag{1-85}$$

应力和应变间为非线性关系:

$$\sigma=\varphi(\varepsilon) \tag{1-86}$$

(3) 应力在某一应力 $\sigma_{0}(\sigma_{0}>\sigma_{s},\sigma_{s}$ 为材料的屈服点)下卸载,则应力增量与应变增量之间存在线性关系,即

$$\mathrm{d}\sigma=E\mathrm{d}\varepsilon \tag{1-87}$$

为了判断是加载还是卸载,采用如下准则:

当 $\sigma\mathrm{d}\sigma\geqslant0$ 时为加载,满足式(1-86);

当 $\sigma\mathrm{d}\sigma<0$ 时为卸载,满足式(1-87)。

(4) 在卸载后某应力 $\sigma$ 下重新加载,则

$$\sigma<\sigma_{0} \text{ 时,} \quad \mathrm{d}\sigma=E\mathrm{d}\varepsilon \tag{1-88}$$

$\sigma_{0}$ 为卸载前材料曾经受到过的最大应力值,称后屈服应力。若 $\sigma_{0}=\sigma_{s}$,则材料称为理想塑性的;若 $\sigma_{0}>\sigma_{s}$,则材料称为硬化的。

(5) 从卸载转入反向力加载,应力、应变关系继续采用式(1-87)或式(1-88)分析,一直到反向屈服。在复杂应力状态下,判断材料是否屈服,可以用应力的某种函数表示:

$$F(\sigma_{ij},K)=0 \tag{1-89}$$

式中,$\sigma_{ij}$——应力状态;

$K$——硬化函数。

若以 $\sigma_{ij}$ 为坐标轴建立一坐标空间,则式(1-89)的几何意义为空间超曲面。任一应力状态在此空间中代表一个点,当此点落在屈服面之内时 $F(\sigma_{ij},K)<0$,材料呈弹性状态;$F(\sigma_{ij},K)=0$ 时,材料开始进入塑性状态。

常用的屈服条件有:

(1) 特雷斯卡(Tresca)屈服条件:假定最大剪应力达到某一极限值时,材料开始屈服,相当于材料力学中的第三强度理论。

（2）米塞斯（von Mises）屈服条件：假定偏应力张量的第二不变量达到某一极限时，材料开始屈服，相当于材料力学中的第四强度理论。

此外还有杜拉克-普拉格（Drucker-Prager）屈服条件、辛克维奇-潘德（Zienkiewicz-Pande）屈服条件等。

在弹塑性增量理论中，讨论仍限于小变形情况。于是，其应变-位移几何运动方程和平衡方程与线性问题相同，不需要做任何变动。需要改变的只是在塑性区范围内用塑性材料的本构关系矩阵 $\boldsymbol{D}_{ep}$ 代替原来的弹性系数矩阵 $\boldsymbol{D}_e$。因此，可直接得到弹塑性分析有限元平衡方程：

$$ {}^t\boldsymbol{K}_T \Delta^t \boldsymbol{u} = \Delta^t \boldsymbol{R} \tag{1-90}$$

式中，

$$ {}^t\boldsymbol{K}_T = \sum \int_V \boldsymbol{B}^{\mathrm{T}} \boldsymbol{D}_{\mathrm{ep}} \boldsymbol{B} \mathrm{d}V \tag{1-91}$$

$$ \Delta^t \boldsymbol{R} = \Delta^t \boldsymbol{F} + \Delta^t \boldsymbol{T} + \Delta^t \boldsymbol{F}_c - \Delta^t \boldsymbol{F}_I \tag{1-92}$$

式中，$\Delta^t \boldsymbol{F}$ 和 $\Delta^t \boldsymbol{T}$——与结构面荷载 $f$ 及体荷载 $t$ 对应的等效节点力增量；

$\Delta^t \boldsymbol{F}_c$——节点集中外荷载增量；

$\Delta^t \boldsymbol{F}_I$——初应力或初应变增量引起的外荷载增量，它们在 $t - \Delta t$ 至 $t$ 时间的增量为

$$ \Delta^t \boldsymbol{F} = \sum \int_V \boldsymbol{N}^{\mathrm{T}} \Delta^t \boldsymbol{f} \mathrm{d}V \tag{1-93}$$

$$ \Delta^t \boldsymbol{T} = \sum \int_V \boldsymbol{N}^{\mathrm{T}} \Delta^t \boldsymbol{t} \mathrm{d}V \tag{1-94}$$

对于初应力问题：

$$ \Delta^t \boldsymbol{F}_I = \sum \int_V \boldsymbol{B}^{\mathrm{T}} \Delta \boldsymbol{\sigma}_I \mathrm{d}V \tag{1-95}$$

对于初应变问题：

$$ \Delta^t \boldsymbol{F}_I = \sum \int_V \boldsymbol{B}^{\mathrm{T}} \boldsymbol{D}_e \Delta \boldsymbol{\varepsilon}_I \mathrm{d}V \tag{1-96}$$

式（1-90）～式（1-96）给出了小变形弹塑性分析的有限元方程，式中 ${}^t\boldsymbol{K}_T$ 代表了荷载与位移增量的切线刚度，随不同加载历程而变化。求解这一问题的关键是计算单元的切线刚度矩阵和应力，由于本构关系 $\boldsymbol{D}_{ep}$ 是当前应力的函数，即当前位移的隐函数，所以计算时要引入一个材料模型的子程序来处理塑性问题。这个子程序的主要计算内容与步骤如下：

（1）由前边迭代的位移结果计算应变增量：

$$ \Delta^t \boldsymbol{\varepsilon} = \Delta^t \boldsymbol{\varepsilon} ({}^t \boldsymbol{u}, {}^{t-\Delta t} \boldsymbol{u}) \tag{1-97}$$

式中，${}^t u$、${}^{t-\Delta t} u$——$t$ 与 $t - \Delta t$ 时刻结构的位移。

（2）暂假定 $\Delta \varepsilon$ 是弹性的，有

$$ \Delta^t \sigma_e - D_e \Delta^t \varepsilon \tag{1-98}$$

（3）由上述内容推出新的应力状态为

$$ {}^t \sigma = {}^{t-\Delta t} \sigma + \Delta^t \sigma_e = {}^{t-\Delta t} \sigma + D_e \Delta^t \varepsilon \tag{1-99}$$

（4）核对在第（2）步中的假设是否符合事实。将式（1-99）代入加载函数中，计算当前的加载函数值：

$$ {}^t F = F({}^t \sigma, K) \tag{1-100}$$

（5）若 $^tF \leqslant 0$，说明 $\Delta^t\varepsilon$ 确实是弹性的，第（2）、（3）步中的计算正确，此子程序的执行可以结束。

（6）若 $^tF > 0$，说明 $\Delta^t\varepsilon$ 中包括了（或甚至全部是）塑性变形，则转而执行以下计算步骤。

（7）若本次迭代开始时的应力是弹性的，则本次迭代的应力增量中有一部分是弹性的，而另一部分是弹塑性的。将弹性部分记为

$$m\Delta^t\sigma_e = mD_e\Delta^t\varepsilon \tag{1-101}$$

显然，$m < 1$，将式（1-101）代入到式（1-102）加载函数中可解出 $m$：

$$F(^{t-\Delta t}\sigma + m\Delta^t\sigma_e, K) = 0 \tag{1-102}$$

（8）计算塑性部分应变增量及当前应力：

$$\Delta^t\varepsilon^p = (1-m)\Delta^t\varepsilon \tag{1-103}$$

$$^t\bar\sigma = {}^{t-\Delta t}\sigma + m\Delta^t\sigma \tag{1-104}$$

（9）计算应变增量的塑性部分 $\Delta^t\varepsilon^p$ 所引起的应力。由于材料刚度矩阵是非线性的，这一计算应是积分过程。作为数值计算，可改为逐段线性化求和。为此，将 $\Delta^t\varepsilon^p$ 再细分为 $M$ 个小的增量：

$$\Delta(\Delta^t\varepsilon^p) = \Delta^t\varepsilon^p/M \tag{1-105}$$

（10）在每一个小的子增量 $\Delta(\Delta^t\varepsilon^p)^{(i)}$ 中，先根据子增量起始时的应力计算 $\boldsymbol{D}_{ep}^{(i)}$，而

$$\Delta(\Delta^t\sigma) = \boldsymbol{D}_{ep}^{(i)}\Delta(\Delta^t\varepsilon^p)^{(i)} \tag{1-106}$$

于是新的应力状态为

$$^t\sigma^{(i)} = {}^t\sigma^{(i-1)} + \Delta(\Delta^t\sigma)^{(i)} \tag{1-107}$$

由 $^t\sigma^{(i)}$ 可计算下一个子增量时的 $\boldsymbol{D}_{ep}^{(i+1)}$，并重复以上步骤，结果

$$^t\sigma = {}^t\bar\sigma + \sum_{i=1}^M \boldsymbol{D}_{ep}^{(i)}\Delta(\Delta^t\varepsilon^p)^{(i)} \tag{1-108}$$

由此可形成最终状态的 $\boldsymbol{D}_{ep}$。

以上方法将平衡迭代与本构迭代分开，主步骤进行平衡迭代，子步骤进行本构迭代，故称之为子增量法。

### 4. 非线性方程组的求解

结构非线性有限元分析最终归结为一组非线性代数方程的求解。非线性代数方程组的求解方法很多，要根据问题的非线性程度、对计算结果精度的要求等因素来选择恰当的方法。以下介绍几种常用的求解方法。

1）直接求解法

直接求解法是基于全量列式的求解过程，应用最多的是直接迭代法。由虚功原理建立的非线性有限元平衡方程为

$$\boldsymbol{K}(\boldsymbol{\delta})\boldsymbol{\delta} = \boldsymbol{P} \tag{1-109}$$

当设定位移向量 $\boldsymbol{\delta}$ 的初值 $\boldsymbol{\delta}_0$ 后，改进的近似解可由下式得到：

$$\boldsymbol{\delta}_1 = [\boldsymbol{K}_0(\boldsymbol{\delta}_0)]^{-1}\boldsymbol{P} \tag{1-110}$$

整个迭代过程可用下式表示：

$$\boldsymbol{\delta}_n = [\boldsymbol{K}_{n-1}(\boldsymbol{\delta}_{n-1})]^{-1}\boldsymbol{P} \tag{1-111}$$

当迭代结果满足预定的收敛准则时，就得到了所要求的节点位移向量。图 1-6(a)为取

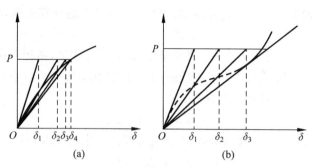

图 1-6 直接迭代法收敛和发散过程

(a) 迭代过程收敛的情形；(b) 迭代过程发散的情形

$\delta_0 = 0$ 时单自由度问题的迭代过程取得收敛的示意图。

直接迭代法应用简单，运算速度一般也较快，可应用于具有轻微非线性的问题。这一求解过程的成功与否在很大程度上取决于对初值位移$\delta_0$的正确估计。图 1-6(b)表示的是直接迭代法迭代过程发散时的情形。为改善收敛性和收敛速度，可以对荷载进行分级。

2）增量法

增量形式的有限元列式方法具有一个共同的特点：将整个荷载变形过程划分为一连串增量段，每一增量段中结构的荷载反应被近似地线性化。简单增量法将每一级增量荷载下直接求得的状态变量视作结构平衡状态，计算相应的切线刚度矩阵，进而做下一级荷载计算，并不断累加其位移增量。图 1-7 描述了简单增量法的求解过程。

几何非线性问题的有限元分析最初多采用简单增量法进行，虽然这种求解方法对每一级荷载作用时的计算速度较快，但由于每一级荷载作用前结构并未精确地到达平衡位置，所求得的解答会随着增量过程的继续而越来越偏离真实的荷载-变形过程。为了保证计算精度，常常将增量区间划分得相当小。此外，为了评价解的精度，一般要对同一问题在进一步细分增量区间后再次求解，通过两次解的比较来判定是否收敛。这样就需要消耗大量的计算时间。

作为对这一方法的改进，可将不平衡力作为一种修正荷载并入下一级荷载增量。这就是有一阶自校正的增量法。一阶自校正增量法的收敛过程如图 1-8 所示。一阶自校正增量法具有较高的求解速度，同时也比简单增量法的计算精度高。这一方法在求解非线性问题特别是求解塑性问题时得到广泛的应用。

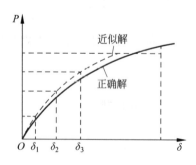

图 1-7 简单增量法的求解过程

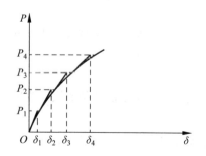

图 1-8 一阶自校正增量法的收敛过程

3）Newton-Raphson 法

对于多自由度体系,同样导出相应的迭代公式:

$$\begin{cases} [\boldsymbol{K}(\boldsymbol{\delta}_n)]_T \Delta\boldsymbol{\delta}_{n+1} = \boldsymbol{R} - F(\boldsymbol{\delta}_n) = \Delta\boldsymbol{R}_n \\ \boldsymbol{\delta}_{n+1} = \boldsymbol{\delta}_n + \Delta\boldsymbol{\delta}_{n+1} \end{cases} \tag{1-112}$$

式中,$\Delta\boldsymbol{R}_n$ 为失衡力。式(1-112)即为 Newton-Raphson 法(N-R 法)求解结构非线性问题的基本形式,其收敛过程如图 1-9(a)所示。

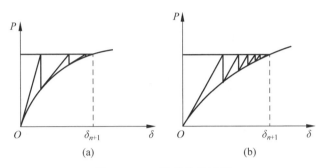

图 1-9　N-R 法的收敛过程

(a) 收敛示意图;(b) 迭代过程

由式(1-112)可见,N-R 法在每次迭代后都要重新形成 $\boldsymbol{K}_T$,对于大跨度桥梁结构进行这一过程很浪费计算时间。为了减少形成总刚及其三角化分解的次数,有时用 $[\boldsymbol{K}(\boldsymbol{\delta}_0)]_T$ 代替 $[\boldsymbol{K}(\boldsymbol{\delta}_n)]_T$,这样,仅进行一次切线刚度矩阵和三角化分解计算,后面的迭代只是线性方程组的回代,这种方法称为修正的 N-R 法(M-N-R 法)。图 1-9(b)给出了该方法的迭代过程。

M-N-R 法在每次迭代中均用同一斜率,收敛性较 N-R 法差。图 1-10 给出了 N-R 法和 M-N-R 法求解非线性方程组的流程,编程时可将这两种方法结合使用。

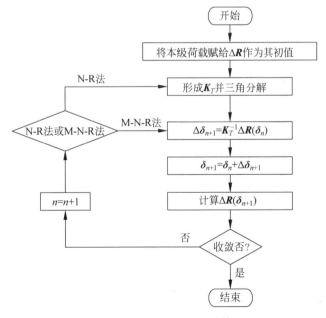

图 1-10　N-R 法和 M-N-R 法迭代流程图

4）收敛准则

在迭代计算中，为了中止迭代过程，必须确定一个收敛标准。在实际应用中，可以从结构的不平衡力向量和位移增量向量两方面来判断迭代计算的敛散性。

数的大小可以用其绝对值来衡量，而对于一个结构，无论其节点力还是节点位移都是向量，其大小一般用该向量的范数来表示。

有了列向量的范数，无论是节点力向量还是节点位移向量，其"大小"均可按其范数的大小来判断。所谓足够小就是指其范数已小于预先指定的某个小数。

取位移增量为衡量收敛标准的准则称为位移准则，若满足下列条件就认为迭代收敛：

$$\| \Delta \boldsymbol{u}_{i+1} \| \leqslant \alpha_d \| \boldsymbol{u}_i + \Delta \boldsymbol{u}_{i+1} \| \tag{1-113}$$

式中，$\alpha_d$——位移收敛容差；

$\| \Delta \boldsymbol{u}_{i+1} \|$——位移增量向量的某种范数。

实践证明，对有些问题，前后两次迭代所得到的位移向量范数之比值会出现剧烈波动，以导致收敛不可靠。

取不平衡节点力为衡量收敛标准的准则称为平衡力准则，若满足下列条件就认为迭代收敛：

$$\| \Delta \boldsymbol{P}_i \| \leqslant \alpha_P \| \boldsymbol{P} \| \tag{1-114}$$

式中，$\boldsymbol{P}$——外荷载向量；

$\Delta \boldsymbol{P}_i$——不平衡力向量；

$\alpha_P$——不平衡力收敛容差。

上面公式中取哪一种范数，理论上可以任选。有学者认为，在用平衡力准则时，取 $\| \Delta \boldsymbol{P}_2 \|$ 比较好；在用位移准则时，取 $\| \Delta \boldsymbol{u} \|_{\infty}$ 更为方便。在非线性比较严重的问题中，用位移准则更合适。有的学者还用能量 $\boldsymbol{P}^{\mathrm{T}} \Delta \boldsymbol{u}$ 作为收敛标准，综合了力与位移两个方面，但要增加更多的计算量。

## 1.2.4　稳定计算理论

### 1. 概述

稳定是桥梁工程中经常遇到的问题，与强度问题有着同等重要的意义。桥梁跨径的增大、桥塔高耸化、箱梁薄壁化以及高强材料的应用等，使得稳定问题更为突出。结构失稳是指结构在外力增加到某一量值时，稳定性平衡状态开始丧失，稍有扰动，结构变形迅速增大，失去正常工作能力的现象。在桥梁结构中，总是要求其保持稳定平衡，也即沿各个方向都是稳定的。

研究稳定可以从小范围内观察，即在邻近原始状态的微小区域内进行研究。为揭示失稳的真相，也可从大范围内进行研究。前者以小位移理论为基础，而后者建立在大位移非线性理论的基础上，引出了研究结构稳定问题的两种形式：第一类，分支点失稳问题；第二类，极值点失稳问题。实际工程中的稳定问题一般都表现为第二类失稳。但是，由于第一类稳定问题是特征值问题，求解方便，在许多情况下两类问题的临界值又相差不大，因此研究第一类稳定问题仍有着重要的工程意义。

桥梁结构的失稳现象表现为结构的整体失稳或局部失稳。局部失稳是指部分结构（子结构）的失稳或个别构件的失稳，局部失稳常常导致整个结构体系的失稳。失稳事故的发生促进了桥梁稳定理论的发展。早在 1744 年，L. 欧拉（L. Euler）就提出了压杆稳定的著名公式。恩格塞（Engesser）等根据大量中长压杆在压曲前已超出弹性极限的事实，分别提出了切线模量理论和折算模量理论。普兰特尔和米歇尔几乎同时发表了关于梁侧倾问题的研究成果。近代桥梁工程中由于采用了薄壁轻型结构，又为稳定问题提出了一系列新的实际课题。瓦格纳(H. Wagner,1929)及符拉索夫(В. З. Власов,1940)等人关于薄壁杆件的弯扭失稳理论,证明其临界荷载值大大低于欧拉理论的临界值,同时又不能用分支点的概念来解释,因而引入了极值点失稳的观点以及跳跃现象的稳定理论。

研究压杆屈曲稳定问题常用的方法有静力平衡法(Euler 方法)、能量法(Timoshenko方法)、缺陷法和振动法。静力平衡法是从平衡状态来研究压杆屈曲特征的,即研究载荷达到多大时,弹性系统可以处于不同的平衡状态。其实质是求解弹性系统的平衡路径(曲线)的分支点所对应的载荷值(临界载荷)。能量法则是求弹性系统的总势能不再是正定时的载荷值。缺陷法认为:完善而无缺陷的理想中心受压直杆是不存在的。由于缺陷的影响,杆件开始受力时即产生弯曲变形,其值要视缺陷程度而定。在一般条件下缺陷总是很小的,弯曲变形并不显著,只是当荷载接近完善系统的临界值时,变形才迅速增至很大,由此确定其失稳条件。振动法以动力学的观点来研究压杆稳定问题。当压杆在给定的压力下受到一定的初始扰动之后,必将产生自由振动,如果振动随时间的增加是收敛的,则压杆是稳定的。

以上 4 种方法对于欧拉压杆而言,所得到的临界荷载值是相同的。如果仔细研究一下,可以发现它们的结论并不完全一样,表现在以下几个方面:

(1)静力平衡法的结论只能指出,当 $P=P_1,P_2,\cdots,P_n$ 时压杆可能发生屈曲现象,至于哪种最可能,并无抉择的条件。同时在 $P\neq P_1,P_2,\cdots,P_n$ 时,屈曲的变形形式根本不能平衡,因此无法回答直线形式的平衡是否稳定的问题。

(2)缺陷法的结论也只能指出,当 $P=P_1,P_2,\cdots,P_n$ 时,杆件将发生无限变形,所以是不稳定的。但对于 $P$ 在 $P_1,P_2,\cdots,P_n$ 各值之间时压杆是否稳定的问题也不能解释。

(3)能量法和振动法都指出,$P>P_1$ 之后不论 $P$ 值多大,压杆直线形式的平衡都是不稳定的。这个结论和事实完全一致。

由于桥梁结构的复杂性,不可能单靠上述方法来解决其稳定问题。大量使用的是稳定问题的近似求解方法,归结起来主要有两种类型:一类是从微分方程出发,通过数学上的各种近似方法求解,如逐次渐近法;另一类是基于能量变分原理的近似法,如 Ritz 法,有限元方法可以看成是 Ritz 法的特殊形式。当今非线性力学将有限元与计算机结合,得以将稳定问题当作非线性力学的特殊问题,用计算机程序实现求解,取得了巨大的成功。

**2. 第一类稳定有限元分析**

根据有限元平衡方程可以表达结构失稳的物理现象。在 T. L 列式下,结构增量形式的平衡方程为

$$({}^{0}\boldsymbol{K}_0 + {}^{0}\boldsymbol{K}_\sigma + {}^{0}\boldsymbol{K}_L)\Delta\boldsymbol{u} = {}^{0}\boldsymbol{K}_T\Delta\boldsymbol{u} = \Delta\boldsymbol{R} \tag{1-115}$$

在 U. L 列式下,结构的平衡方程为

$$({}^{t}\boldsymbol{K}_0 + {}^{t}\boldsymbol{K}_\sigma)\Delta\boldsymbol{u} = {}^{t}\boldsymbol{K}_T\Delta\boldsymbol{u} = \Delta\boldsymbol{R} \tag{1-116}$$

发生第一类失稳前,结构处于初始构形线性平衡状态,因此,式(1-115)中的位移矩阵 ${}^{0}\boldsymbol{K}_L$ 为零。在 U. L 列式中不再考虑每个载荷增量步引起的构形变化,所以,无论 T. L 列式还是 U. L 列式,结构的平衡方程的表达形式是统一的。即

$$(\boldsymbol{K} + \boldsymbol{K}_\sigma)\Delta\boldsymbol{u} = \Delta\boldsymbol{R} \tag{1-117}$$

在结构处在临界状态下,即使 $\Delta\boldsymbol{R}\rightarrow\boldsymbol{0}$,$\Delta\boldsymbol{u}$ 也有非零解,按线性代数理论,必有

$$|\boldsymbol{K} + \boldsymbol{K}_\sigma| = 0 \tag{1-118}$$

在小变形情况下,$\boldsymbol{K}_\sigma$ 与应力水平成正比。由于假定发生第一类失稳前结构是线性的,多数情况下应力与外荷载也为线性关系,因此,若某种参考荷载 $\boldsymbol{P}$ 对应的结构几何刚度矩

阵为 $\bar{K}_\sigma$，临界荷载为 $P_{cr}=\lambda\bar{P}$，那么在临界荷载作用下结构的几何刚度矩阵为

$$K_\sigma = \lambda\bar{K}_\sigma \tag{1-119}$$

于是式(1-118)可写成

$$|K + \lambda\bar{K}_\sigma| = 0 \tag{1-120}$$

式(1-120)就是第一类线弹性稳定问题的控制方程。稳定问题转化为求方程的最小特征值问题。一般来说,结构的稳定是相对于某种特定荷载而言的。在桥梁结构中,结构内力一般由施工过程确定的恒载内力(这部分必须按施工过程逐阶段计算)和后期荷载(如二期恒载、活载、风载等)引起的内力两部分组成。因此,$K_\sigma$ 也可以分成一期恒载的几何刚度矩阵 $K_{1\sigma}$ 和后期荷载的几何刚度矩阵 $K_{2\sigma}$ 两部分。当计算的是一期恒载稳定问题时,$K_{2\sigma}=0$,$K_\sigma$ 可直接用恒载来计算,这样通过式(1-120)算出的 $\lambda$ 就是一期恒载的稳定安全系数;当计算的是后期荷载的稳定问题时,恒载 $K_{1\sigma}$ 可近似为一常量,式(1-120)改写成

$$|K + K_{1\sigma} + \lambda K_{2\sigma}| = 0 \tag{1-121}$$

形成和求解式(1-121)的步骤可简单归结如下:

(1) 按施工过程,计算结构恒载内力和恒载几何刚度矩阵 $K_{1\sigma}$;

(2) 用后期荷载对结构进行静力分析,求出结构初应力(内力);

(3) 形成结构几何刚度矩阵 $K_{2\sigma}$ 和式(1-121);

(4) 计算式(1-121)的最小特征值。

这样,求得的最小特征值 $\lambda$ 就是后期荷载的安全系数,相应的特征向量就是失稳模态。

### 3. 第二类稳定有限元分析

第二类稳定是指桥梁结构在不断增加的外载作用下,结构刚度发生不断变化,当外载产生的应力使结构切线刚度矩阵趋于奇异时,结构承载能力就达到了极限,稳定性平衡状态开始丧失,稍有扰动,结构变形迅速增大,失去正常工作能力的现象。

从力学分析角度看,分析桥梁结构第二类稳定性,就是通过不断求解计入几何非线性和材料非线性的结构平衡方程,寻找结构极限荷载的过程。

全过程分析法是用于桥梁结构极限承载力分析的一种计算方法,它通过逐级增加工作荷载集度来考察结构的变形和受力特征,一直计算至结构发生破坏。

## 1.3　本章小结

本章通过直接刚度法和能量法介绍了桥梁结构有限元分析的基本概念和一般步骤。在引入结构几何非线性和材料非线性概念的同时,建立了桥梁结构非线性分析的增量平衡方程和求解思路。并以此为基础,给出了桥梁结构稳定的基本概念和求解两类稳定问题的方法。

## 习题

1. 简述有限元的定义及应用场合。

2. 有限元法有哪些优缺点?

3. 利用有限元法分析实际工程问题有哪些基本步骤?需要注意哪些问题?

# 2

# Workbench 2020简介

Workbench 2020 是最成功的 CAE 软件,在工程界得到了普遍认可和广泛应用。Workbench 能与多数 CAD 软件结合使用,实现数据共享和交换,如 Autocal、IDEAS、Pro/E、Solidworks 等。ANSYS 公司在 2002 年发布 ANSYS 7.0 的同时推出了 ANSYS 经典版和 ANSYS Workbench 版两个版本,ANSYS 公司 2020 年 7 月 15 日发布了 ANSYS Workbench 2020。Workbench 平台的功能主要体现在以下三方面:仿真项目的流程管理、仿真数据的管理、仿真参数的管理和优化设计。

（1）仿真项目的流程管理

Workbench 通过项目管理窗口(project schematic)实现对分析项目流程的搭建和组织管理,一个分析流程可以包含若干个程序组件或分析系统。在项目管理窗口中,仿真分析流程中包含的各组件都依赖于其上游组件,只有上游组件的任务完成后,当前组件才可以开始工作。Workbench 通过直观的指示图标来区分不同组件的工作状态,用户可以通过这些提示信息来了解分析项目的当前进度。

（2）仿真数据的管理

在 Workbench 中集成的大部分程序模块都是数据集成而不是界面的集成。在一个分析项目中,所有相关集成模块形成的数据和形成的文件由 Workbench 进行统一管理。不同模块所形成的数据可以在仿真流程的不同分析组件或分析系统之间进行共享和传递。以热固分析为例,热传递和固体应力分析的有限元分析模型可以是共用的,这是一个典型的数据共享;而热传递分析得到的温度场数据则传递到固体应力分析中作为载荷来施加,这是一个典型的数据传递。

（3）仿真参数的管理和优化设计

Workbench 对各集成数据程序模块所形成的参数进行统一管理,这些参数可以是 CAD 系统的设计参数,也可以是在分析过程中提取和形成的计算输出参数。在 Workbench 中还包含一个参数和设计点(不同参数的一个组合方案)的管理界面,此界面能够对所有的参数及设计点实施有效的管理,基于这一管理界面的设计点列表及图示功能,可以实现对方案的直观比较。此外,基于 Workbench 集成的设计优化(design exploration)模块可以实现基于参数的优化设计。

Workbench 主要可以完成以下几方面的仿真分析。

（1）结构静力分析

结构静力分析用来求解外载荷引起的位移、应力和力。静力分析很适合求解惯性和阻尼对结构的影响并不显著的问题。Workbench 程序中的静力分析不仅可以进行线性分析，而且也可以进行非线性分析，包括：材料非线性，如塑性、大应变；几何非线性，如膨胀、大变形；单元非线性，如接触分析等。

（2）结构动力学分析

结构动力学分析用来求解随时间变化的载荷对结构或部件的影响。与静力分析不同，动力分析要考虑随时间变化的力载荷，以及阻尼和惯性的影响。动力学分析可以分析大型三维柔体和刚体运动。当运动的积累效应起主要作用时，可利用这些功能分析复杂结构在空间中的运动特性，并确定结构中由此产生的力、应力、应变和变形。结构动力学分析类型包括模态分析、谐波响应分析、响应谱分析、随机振动响应分析、瞬态动力学分析等。

（3）显式动力学

Workbench 2020 显式动力学对于无使用经验者来说也易于使用。另外，增强 Workbench 2020 LS-DYNA 和 Workbench 2020 AUTODYN 产品功能，为用户提供更大的便利。Workbench 2020 Explicit StR 软件，基于 Workbench 2020 AUTODYN 产品的拉氏算子部分，是 Workbench 界面第一个本地显式软件。该技术可用于满足固体、流体、气体及它们之间相互作用的非线性动力学数值模拟，对已有 Workbench 环境使用经验的使用者，该软件有更好的适用性。

（4）热分析

热分析可处理热传递的三种基本类型：传导、对流和辐射。热传递的三种类型均可进行稳态和瞬态、线性和非线性分析。热分析应用于热处理、电子封装、发动机组、压力容器、流固耦合、热结构耦合的热应力、材料固化和熔解过程的相变等问题的分析。

（5）电磁场分析

电磁场分析主要用于电磁场问题的分析，如电感、电容、磁通量密度、涡流、电场分布、磁力线分布、运动效应、电路和能量损失等；还可用于螺线管、调节器、发电机、变换器、磁体加速器、电解槽及无损检测装置等的设计和分析领域。

（6）流体动力学分析

Workbench 2020 流体动力学分析可分别使用 CFX 和 Fluent 模块，分析类型可以为瞬态或稳态，分析结果可以是每个节点的压力和通过每个单元的流率，并且可以利用后处理功能产生压力、流率和温度分布的图形显示。

（7）优化

Workbench 优化的工具箱称为 Design Exploration，它是功能强大、使用方便的多目标优化稳健性设计模块。它包括四个组件，分别是 Goal Driven Optimization（目标驱动优化）、Parameter Correlation（参数关联）、Response Surface（响应面）和 Six Sigma Analysis（六西格玛分析）。它的主要特点是：可以研究分析各种类型的系统；支持不同 CAD 系统的参数化；利用目标驱动优化创建一组最佳设计点，并观察输入参数与优化目标的关系。

（8）电场磁场分析

由于 Ansoft 和 Workbench 开发团队的组合，Workbench 将 Ansoft 电子设计分析产品融入 Workbench 2020 框架，Workbench 2020 使用者将很快在 Workbench 2020 中从改进

和扩展的 Electromagnetic 功能中获益。Workbench 2020 中的 Emag 软件包含了一个新的用于低频电磁数值模拟 3D 实体单元家族（SOLID236 和 SOLID237），可用于模拟静磁、时谐分析。

（9）多物理场耦合分析

通过直接耦合或载荷传递顺序耦合求解不同场的交互作用，用于分析诸如流体-结构耦合、结构-热耦合、热-电耦合等问题。

利用新增功能及增强功能可以处理直接耦合和顺序耦合的多物理场问题，AWE 下的多场数值模拟速度比以前更快。Workbench 2020 将求解器技术整合在一个统一的数值模拟环境中，为多场求解提供了更有效的工作流程。扩展分布式稀疏求解器功能支持共享和分布式计算环境下的非对称和复杂矩阵。这种新的求解技术极大地缩短了直接耦合解决方案的执行时间，如包含 Peltier 和 Seebeck 效应的耦合场分析及热电耦合分析等。此外，可以应用直接耦合单元模拟多孔介质的渗流的直接耦合场单元（SOLID226 和 SOLID227）支持热电耦合。

## 2.1  Workbench 2020 平台及模块

有两种方法启动 Workbench 主界面。一种方法是从 Windows 开始菜单启动，选择"开始"→"所有程序"→ ANSYS 2020 R2→ Workbench 2020 R2。另一种方法是直接双击桌面上的 Workbench 2020 图标。若用户经常使用 Workbench 2020，程序会自动在开始菜单所有程序的上方出现 Workbench 2020 的快速启动图标，此时可以单击 Workbench 2020 R2 按钮启动 Workbench 2020，新版 Workbench 启动界面如图 2-1 所示。

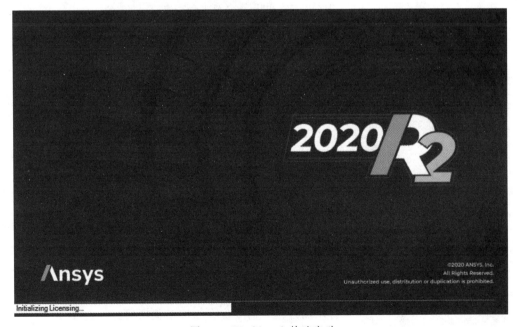

图 2-1  Workbench 快速启动

### 2.1.1 Workbench 平台界面

启动后的 Workbench 2020 平台如图 2-2 所示。启动软件后，用户可以根据个人喜好设置下次启动是否同时开启导读对话框，如果不想启动导读对话框，将导读对话框底端的"√"去除即可。

如图 2-2 所示，Workbench 2020 平台界面由以下 6 部分构成：菜单栏、工具栏、工具箱（Toolbox）、工程项目窗口（Project Schematic）、信息窗口（Message）及进程窗口（Progress）。

图 2-2　Workbench 软件平台

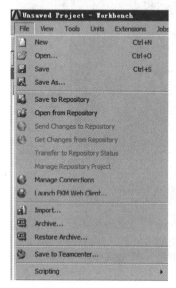

图 2-3　File 菜单

### 2.1.2 菜单栏

菜单栏包括 File（文件）、View（视图）、Tools（工具）、Units（单位）及 Help（帮助）等菜单，下面对一些菜单中包括的子菜单及命令进行介绍。

**1. File（文件）菜单**

File 菜单中的命令如图 2-3 所示，下面对 File 菜单中的常用命令进行简单介绍。

（1）New：建立一个新的工程项目。在建立新工程项目前，Workbench 软件会提示用户是否需要保存当前的工程项目。

（2）Open…：打开一个已经存在的工程项目，同样会提示用户是否需要保存当前工程项目。

（3）Save：保存一个工程项目，同时为新建立的工程项目命名。

（4）Save As…：将已经存在的工程项目以一个新的项目名称保存。

（5）Import…：导入外部文件。单击 Import 命令会弹出如图 2-4 所示的对话框，在 Import 对话框中的文件类型栏中可以选择多种文件类型。

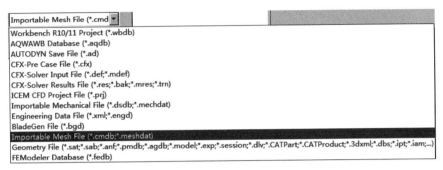

图 2-4  Import 支持文件类型

（6）Archive…：将工程文件存档。单击 Archive 命令后，没有建立工程项目时弹出如图 2-5 所示的对话框，单击 Save and Proceed 按钮，弹出如图 2-6 所示的 Save Archive 对话框，单击"保存"按钮，在弹出的如图 2-7 所示的 Archive Options 对话框中勾选所有选项，并单击 Archive 按钮将工程文件存档。在 Workbench 2020 平台的 File 菜单中单击 Restore Archive 命令即可将存档文件读取出来。

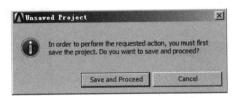

图 2-5  Unsaved Project 对话框

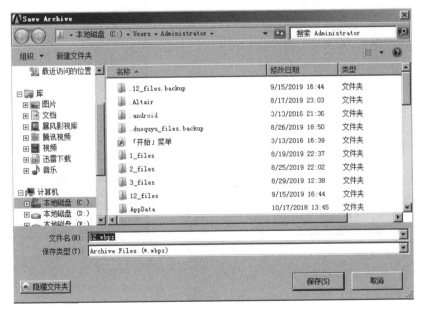

图 2-6  Save Archive 对话框

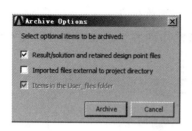

图 2-7　Archive Options 对话框

**2. View(视图)菜单**

View 菜单中相关命令如图 2-8 所示,下面对 View 菜单中的常用命令作简要介绍。

(1) Compact Mode(简洁模式):单击此命令后 Workbench 2020 平台将压缩为图 2-9 所示的简洁模式小图标置于操作系统桌面上,同时任务栏上的图标将消失。如果将鼠标指针移动到图 2-9 所示的图标上,Workbench 2020 平台将变成所谓的简洁模式。

(2) Reset Workspace(复原操作平台):Workbench 2020 平台复原到初始状态。

(3) Reset Window Layout(复原窗口布局):Workbench 2020 平台窗口布局复原到初始状态。

(4) Toolbox(工具箱):单击 Toolbox 命令来选择是否掩藏 Workbench 2020 平台界面左侧的工具箱,Toolbox 前面有对勾"√"说明 Toolbox(工具箱)处于显示状态,单击 Toolbox 取消前面的"√",Toolbox(工具箱)将被掩藏。

(5) Toolbox Customization(用户自定义工具箱):单击此命令将在窗口中弹出如图 2-10 所示的 Toolbox Customization 窗口,用户可通过单击各个模块前面的"√"来选择是否在 Toolbox 中显示该模块。

图 2-8　View 菜单

图 2-9　Workbench 2020 简洁模式

图 2-10　Toolbox Customization 窗口

（6）Project Schematic(项目管理窗口)：单击此命令来确定是否在 Workbench 平台上显示项目管理窗口。

（7）Files(文件)：单击此命令会在 Workbench 2020 平台下侧弹出如图 2-11 所示的 Files 窗口,窗口中显示了本工程项目中所有的文件及文件路径等重要信息。

（8）Properties(属性)：单击此命令后再单击 A7 Results 表格,此时会在 Workbench 2020 平台右侧弹出如图 2-12 所示的 Properties of SchematicA7：Results 窗口,窗口中显示的是 A7 Results 项目的相关信息。

图 2-11　Files 窗口

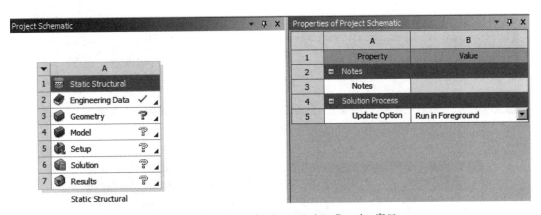

图 2-12　Properties of SchematicA7：Results 窗口

**3. Tools(工具)菜单**

Tools 菜单中的命令如图 2-13 所示,下面对 Tools 中的常用命令进行介绍。

（1）Refresh Project(刷新工程数据)：当上行数据中发生变化,需要刷新板块(更新也会刷新板块)。

（2）Update Project(更新工程数据)：数据已更改,必须重新生成板块的数据输出。

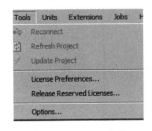

图 2-13　Tools 菜单

（3）License Preferences...(参考注册文件)：单击此命令后,会弹出如图 2-14 所示的注册文件对话框。

（4）Options...(选项)：单击此命令会弹出如图 2-15 所示的 Options 对话框,下面对对话框中一些主要选项卡进行介绍。

① Project Management(项目管理)选项卡：如图 2-15 所示的选项卡中可以设置 Workbench 2020 平台启动的默认目录和临时文件的位置、是否启动导读对话框及是否加载新闻信息等参数。

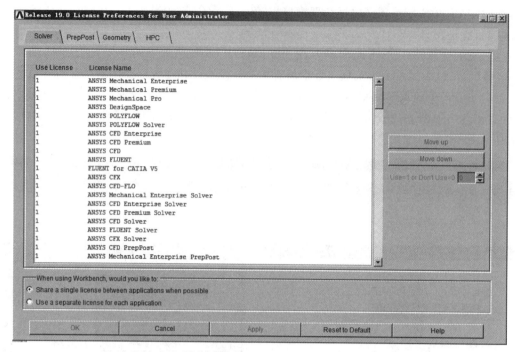

图 2-14　Release 19.0 License Preferences for User Administrator 对话框

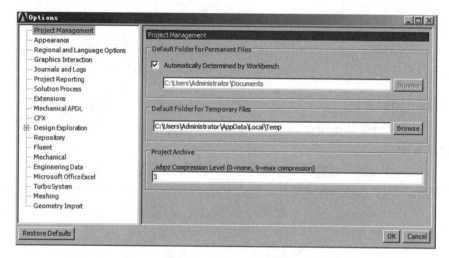

图 2-15　Options 对话框

② Appearance(外观)选项卡：如图 2-16 所示的外观选项卡中可对软件的背景、文字、颜色、几何图形的边等进行颜色设置。

③ Regional and Language Options(区域和语言选项)选项卡：通过图 2-17 所示的选项卡可以设置 Workbench 2020 平台的语言，其中包括德语、英语、法语及日语共 4 种。

④ Graphics Interaction(几何图形交互)选项卡：如图 2-18 所示的选项卡中可以设置鼠标对图形的操作，如平移、旋转、放大、缩小、多体选择等操作。

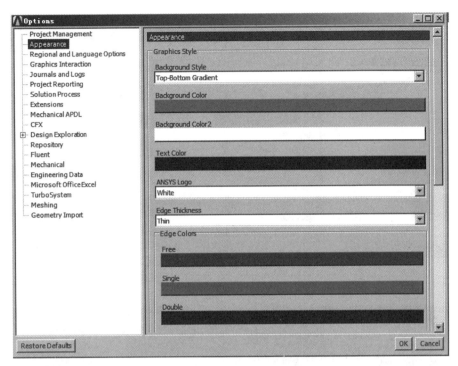

图 2-16 Appearance 选项卡

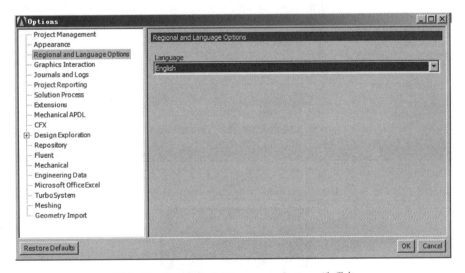

图 2-17 Regional and Language Options 选项卡

⑤ Journals and Logs(日志)选项卡：如图 2-19 所示的日志选项卡中可以设置记录文件的存储位置、日志文件的记录天数及其他一些基本设置选项。

**4. Units(单位)菜单**

Units 菜单如图 2-20 所示,在此菜单中可以设置国际单位、米制单位、美制单位及用户自定义单位。单击 Unit Systems(单位设置系统)命令,在弹出的如图 2-21 所示的 Unit Systems 对话框中可以制定用户喜欢的单位格式。

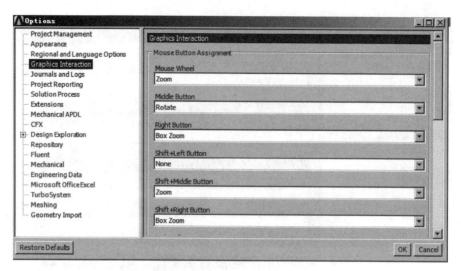

图 2-18　Graphics Interaction 选项卡

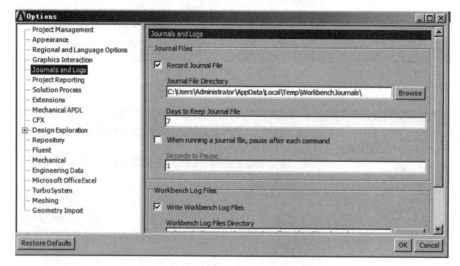

图 2-19　Journals and Logs 选项卡

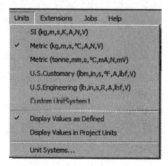

图 2-20　Units 菜单

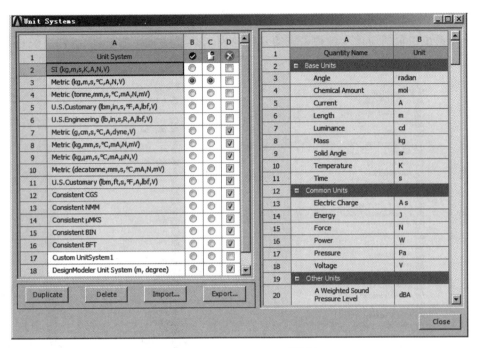

图 2-21　Unit Systems 对话框

**5. Help(帮助)菜单**

在帮助菜单中,软件可实时地为用户提供软件操作及理论上的帮助。

## 2.1.3　工具栏

Workbench 2020 的工具栏如图 2-22 所示,其中的命令已经在前面菜单中介绍,这里不再赘述。

图 2-22　工具栏

## 2.1.4　工具箱

工具箱(Toolbox)位于 Workbench 2020 平台的左侧,如图 2-23 所示为工具箱(Toolbox)中包括的 5 类分析模块,下面针对前 4 个模块进行简要介绍。

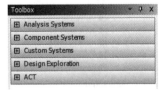

图 2-23　Toolbox(工具箱)

**1. Analysis Systems(分析系统)**

分析系统中包括不同的分析类型,如静力分析、热分析、流体分析等,同时模块中也包括用不同种求解器求解相同分析的类型,如静力分析就包括用 Workbench 求解器分析和用 Samcef 求解器分析两种。分析系统所包含的分析模块如图 2-24 所示。

**2. Component Systems（组件系统）**

组件系统中包括应用于各种领域的几何建模工具及性能评估工具，组件系统包括的分析模块如图 2-25 所示。

图 2-24　Analysis Systems（分析系统）　　　图 2-25　Component Systems（组件系统）

**3. Custom Systems（用户自定义系统）**

在图 2-26 所示的用户自定义系统中，除了有软件默认的几个多物理场耦合分析工具外，Workbench 2020 平台还允许用户自己定义常用的多物理场耦合分析模块。

**4. Design Exploration（设计优化）**

图 2-27 所示为设计优化模块，在设计优化模块中允许用户采用 4 种工具对零件产品的目标值进行优化设计及分析。

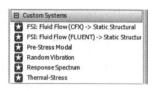

图 2-26　Custom Systems（用户自定义系统）　　图 2-27　Design Exploration（设计优化）

## 2.2　DesignModeler 2020 几何建模

在有限元分析之前，最重要的工作就是几何建模，几何建模的好坏直接影响到计算结果的正确性。一般在整个有限元分析的过程中，几何建模的工作占据了非常多的时间，同时也是非常重要的过程。本节将着重讲述利用 Workbench 自带的几何建模工具——DesignModeler 进行几何建模,同时也简单介绍 Creo 及 SolidWorks 软件的几何数据导入方法及操作步骤。

## 2.2.1  DesignModeler 几何建模平台

在 Workbench 2020 主界面的项目管理区中右击 Geometry(几何体),如图 2-28 所示,在弹出的快捷菜单中单击第二项即可进入 DesignModeler 平台界面。图 2-29 所示为刚启动的 DesignModeler 平台界面,如同其他 CAD 软件一样,DesignModeler 平台有以下几个关键部分:菜单栏、工具栏、命令栏、图形交互窗口、模型树及草绘面板、详细视图及单位设置等。下面先对常用的命令及菜单进行详细介绍。

图 2-28  DesignModeler 启动方式

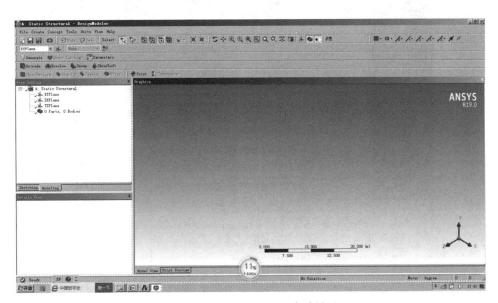

图 2-29  DesignModeler 启动界面

### 2.2.2 菜单栏

菜单栏中包括 File(文件)、Create(创建)、Concept(概念)、Tools(工具)、Units(单位)、View(视图)及 Help(帮助)共 7 个基本菜单。

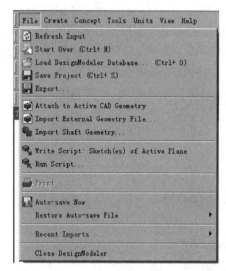

图 2-30 File 菜单

**1. File(文件)菜单**

File 菜单中的命令如图 2-30 所示,下面对 File 中的常用命令进行简单介绍。

(1) Refresh Input(刷新输入):当几何数据发生变化时,单击此命令保持几何文件同步。

(2) Save Project(保存工程文件):单击此命令保存工程文件,如果是新建立且未保存的工程文件,Workbench 2020 平台会提示输入文件名。

(3) Export...(几何输出):单击 Export 命令后,DesignModeler 平台会弹出如图 2-31 所示的"另存为"对话框,在对话框的"保存类型"下拉列表框中,读者可以选择喜欢的几何数据类型。

(4) Attach to Active CAD Geometry(动态链接开启的 CAD 几何):单击此命令后,DesignModeler 平台会将当前活动的 CAD 软件中的几何数据模型读入图形交互窗口中。

图 2-31 "另存为"对话框

（5）Import External Geometry File…（导入外部几何文件）：单击此命令，在弹出的如图 2-32 所示的对话框中可以选择所要读取的文件名。此外，DesignModeler 平台支持的所有外部文件格式在"打开"对话框中的文件类型中被列出。

图 2-32 "打开"对话框

## 2. Create（创建）菜单

Create 菜单如图 2-33 所示，Create 菜单中包含对实体操作的一系列命令，包括实体拉伸、倒角、放样等操作。下面对 Create（创建）菜单中的实体操作命令进行简单介绍。

（1）New Plane（创建新平面）：单击此命令后，会在 Details View 窗口中出现图 2-34 所示的平面设置面板，在 Details of Plane4→Type 中显示了 8 种设置新平面的类型。

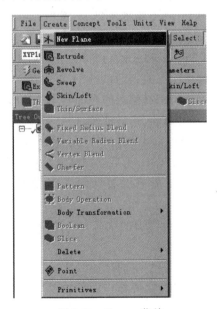

图 2-33 Create 菜单

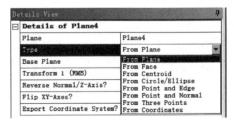

图 2-34 新建平面设置面板

① From Plane(以平面)：从已有的平面中创建新平面。

② From Face(以一个表面)：从已有的表面中创建新平面。

③ From Centroid(由质心)：由被选择的几何体的质心创建新平面。新平面被定义在 $XY$ 平面上，原点由被选择的几何体的质心确定。

④ From Circle/Ellipse(由圆或椭圆)：新建的平面基于一个二维或三维的圆形或椭圆形的边创建，包括圆弧。新建平面的原点是圆或椭圆的中心。如果选择一个圆形的边，则 $X$ 轴与全局坐标系的 $X$ 轴对齐；如果选择一个椭圆的边，则 $X$ 轴与椭圆的长轴对齐。$Z$ 轴是圆或椭圆的法线。

⑤ From Point and Edge(以一点和一条边)：由已经存在的一条边和一个不在这条边上的点创建新平面。

⑥ From Point and Normal(以一点和法线方向)：由一个已经存在的点和一条边界方向的法线创建新平面。

⑦ From Three Points(以 3 点)：由已经存在的 3 个点创建一个新平面。

⑧ From Coordinates(以坐标系)：通过设置与坐标系的相对位置来创建新平面。

当选择以上 8 种方式中的任何一种方式来建立新平面时，Type 下面的选项会有所变化，具体请参考帮助文档。

(2) Extrude(拉伸)：如图 2-35 所示，此命令可以将二维的平面图形拉伸成三维的立体图形，即对已经草绘完成的二维平面图形沿着二维图形所在平面的法线方向进行拉伸操作。

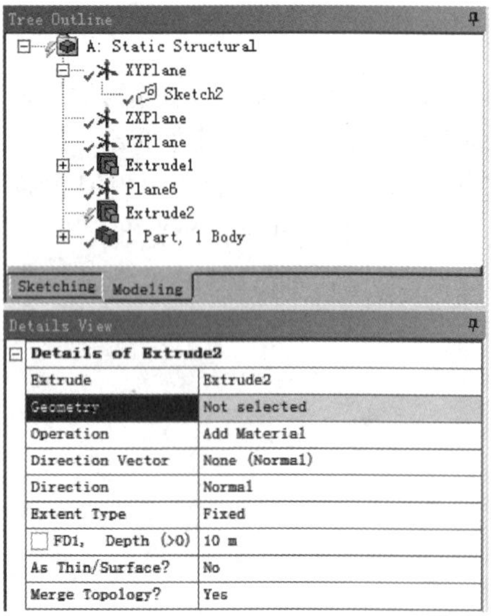

图 2-35　拉伸设置面板

① Operation 选项中可以选择 5 种操作方式：

- Add Material(添加材料)：与常规的 CAD 拉伸方式相同，这里不再赘述。
- Add Frozen(添加冻结)：添加冻结实体，后面会提到。
- Cut Material(去除材料)：与常规的 CAD 拉伸去除方式相同，这里不再赘述。
- Imprint Face(添加印记面)：添加印记面，为后期添加载荷做准备。
- Slice Material(材料切片)：对现有几何体进行切片操作，为后期网格划分做准备。

② Direction 选项中有 4 种拉伸方式可以选择：

- Normal(普通方式)：系统默认的拉伸方式，是沿草绘图形的法线方向拉伸。
- Reversed(相反方向)：此拉伸方式与 Normal 方向相反。
- Both-Symmetric(双向对称)：沿着两个方向同时拉伸指定的拉伸深度。
- Both-Asymmetric(双向非对称)：沿着两个方向同时拉伸指定的拉伸深度，但是两侧的拉伸深度不相同，需要在下面的选项中设定。

③ As Thin/Surface?：选择拉伸是否为薄壳拉伸，如果在选项中选择 Yes，则需要分别

输入薄壳的内壁和外壁厚度。

(3) Revolve(旋转)：单击此命令后，出现如图 2-36 所示旋转设置面板。

① 在 Geometry(几何)中选择需要做旋转操作的二维平面几何图形。

② 在 Axis(旋转轴)中选择二维几何图形旋转所需要的轴线。

③ "Operation""As Thin/Surface?""Merge Topology?"选项参考 Extrude 命令相关内容。

④ 在 Direction 栏中输入旋转角度。

(4) Sweep(扫掠)：单击此命令后，弹出如图 2-37 所示的扫掠设置面板。

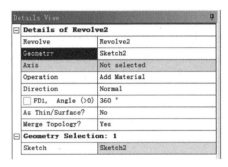

图 2-36　旋转设置面板

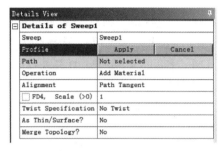

图 2-37　扫掠设置面板

① 在 Profile(截面轮廓)中选择二维几何图形作为要扫掠的对象。

② 在 Path(扫掠路径)中选择直线或者曲线来确定二维几何图形扫掠的路径。

③ 在 Alignment(扫掠调整方式)中选择采用 Path Tangent(沿着路径切线方向)或者 Global Axes(总体坐标轴)方式。

④ 在"FD4,Scale(>0)"中输入比例因子来进行比例扫掠。

⑤ 在 Twist Specification(扭曲规则)中选择扭曲的方式,有 No Twist(不扭曲)、Turns(圈数)及 Pitch(螺距)三种选项。

- No Twist(不扭曲)：即扫掠出来的图形是沿着扫掠路径的。
- Turns(圈数)：在扫掠过程中设置二维几何图形绕扫掠路径旋转的圈数。如果扫掠的路径是闭合环路,则圈数必须是整数；如果扫掠路径是开路,则圈数可以是任意数值。
- Pitch(螺距)：在扫掠过程中设置扫掠的螺距大小。

(5) Skin/Loft(蒙皮/放样)：单击此命令后,弹出图 2-38 所示的蒙皮/放样设置面板。

在 Profile Selection Method(轮廓文件选择方式)栏中可以用 Select All Profiles(选择所有轮廓)或者 Select Individual Profiles(选择单个轮廓)两种方式选择二维几何图形。选择完成后,会在 Profiles 下面出现所选择的所有轮廓几何图形名称。

(6) Thin/Surface(抽壳)：单击此命令后,弹出图 2-39 所示的抽壳设置面板。

在 Selection Type(选择方式)栏中可以选择以下 3 种方式。

① Faces to Keep(保留面)：选择此选项后,对保留面进行抽壳处理。

② Faces to Remove(去除面)：选择此选项后,对选中面进行去除操作。

③ Bodies Only(仅体)：选择此选项后,将对选中的实体进行抽壳处理。

在 Direction(方向)栏中可以通过以下 3 种方式对抽壳进行操作。

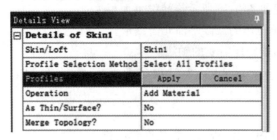

图 2-38　蒙皮/放样设置面板

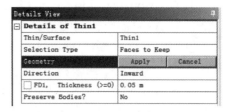

图 2-39　抽壳设置面板

- Inward(内部壁面)：选择此选项后，抽壳操作对实体进行壁面向内部抽壳处理。
- Outward(外部壁面)：选择此选项后，抽壳操作对实体进行壁面向外部抽壳处理。
- Mid-Plane(中间面)：选择此选项后，抽壳操作对实体进行中间壁面向内部和外部两侧抽壳处理。

（7）Fixed Radius Blend(确定半径倒圆角)：单击此命令后，弹出如图 2-40 所示的倒圆角设置面板。

① 在"FD1,Radius（>0）"栏中输入圆角的半径。

② 在 Geometry 栏中选择要倒圆角的棱边或者平面，如果选择的是平面，则倒圆角命令将平面周围的几条棱边全部倒成圆角。

（8）Variable Radius Blend(变化半径倒圆角)：单击此命令后，弹出图 2-41 所示的倒圆角设置面板。

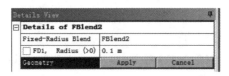

图 2-40　确定半径倒圆角设置面板

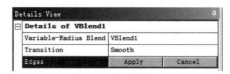

图 2-41　变化半径倒圆角设置面板

① 在 Transition(过渡)选项栏中可以选择 Smooth(平滑)和 Linear(线性)两种。

② 在 Edges(棱边)选项中选择要倒角的棱边。

③ 在"Start Radius（>=0）"栏中输入初始半径大小。

④ 在"End Radius（>=0）"栏中输入尾部半径大小。

（9）Chamfer(倒角)：单击此命令后，弹出如图 2-42 所示的倒角设置面板。

① 在 Geometry 栏中选择实体棱边或者表面，当选择表面时，将表面周围的所有棱边全部倒角。

② 在 Type(类型)栏中有以下 3 种数值输入方式。

- Left-Right(左-右)：选择此选项后，在下面的栏中输入两侧的长度。
- Left-Angle(左-角度)：选择此选项后，在下面的栏中输入左侧长度和一个角度。
- Right-Angle(右-角度)：选择此选项后，在下面的栏中输入右侧长度和一个角度。

（10）Pattern(阵列)：单击此命令后，弹出如图 2-43 所示的阵列设置面板。

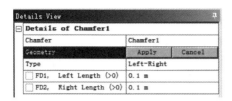

图 2-42　倒角设置面板

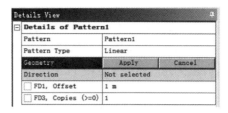

图 2-43　阵列设置面板

在 Pattern Type(阵列类型)栏中可以选择以下 3 种阵列样式。

① Linear(线性)：选择此选项后，将沿着某一方向阵列，需要在 Direction(方向)栏中选择要阵列的方向及偏移距离和阵列数量。

② Circular(圆形)：选择此选项后，将沿着某根轴线阵列一圈，需要在 Axis(轴线)栏中选择轴线及偏移距离和阵列数量。

③ Rectangular(矩形)：选择此选项后，将沿着两条相互垂直的边或者轴线阵列，需要选择两个阵列方向及偏移距离和阵列数量。

(11) Body Operation(体操作)：单击此命令后，弹出如图 2-44 所示的体操作设置面板。

在 Type(类型)栏中有以下几种体操作样式。

① Sew(缝合)：对有缺陷的体进行补片复原后，再利用缝合命令对复原部位进行实体化操作。

② Simplify(简化)：对选中的材料进行简化操作。

③ Cut Material(切材料)：对选中的体进行去除材料操作。

④ Slice Material(材料切片)：需要在一个完全冻结的体上执行操作，对选中的材料进行材料切片操作。

⑤ Imprint Faces(表面印记)：对选中的体进行表面印记操作。

⑥ Clean Bodies(清理)：对选中的体进行清理操作。

(12) Boolean(布尔运算)：单击此命令后弹出如图 2-45 所示的布尔运算设置面板。

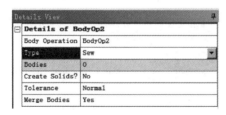

图 2-44　体操作设置面板

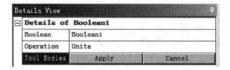

图 2-45　布尔运算设置面板

在 Operation(操作)栏中有以下 4 种操作选项。

① Unite(并集)：将多个实体合并到一起，形成一个实体，在 Tools Bodies(工具体)栏中选中所要合并的实体。

② Subtract(差集)：将一个实体(Tools Bodies)从另一个实体(Target Bodies)中去除；需要在 Target Bodies(目标体)中选择所要切除材料的实体，在 Tools Bodies(工具体)栏中

选择要切除的实体工具。

③ Intersect(交集)：将两个实体相交部分取出来，其余的实体被删除。

④ Imprint Faces(表面印记)：生成一个实体(Tools Bodies)与另一个实体(Target Bodies)相交处的面；需要在 Target Bodies(目标体)和 Tools Bodies(工具体)栏中各选择一个实体。

(13) Slice(切片)：该命令增强了 DesignModeler 的可用性，可以产生用来划分映射网格的可扫掠划分网格的体。当模型完全由冻结体组成时，本命令才可用。单击此命令后弹出如图 2-46 所示的切片设置面板。

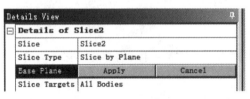

图 2-46  切片设置面板

在 Slice Type(切片类型)栏中有以下几种方式对体进行切片操作。

① Slice by Plane(用平面切片)：利用已有平面对实体进行切片操作，平面必须经过实体，在 Base Plane(基准平面)栏中选择平面。

② Slice off Faces(用表面偏移平面切片)：在模型上选中一些面，这些面大概形成一定的凹面，本命令将切开这些面。

③ Slice by Surface(用曲面切片)：利用已有的曲面对实体进行切片操作，在 Target Face(目标面)栏中选择曲面。

④ Slice off Edges(用边做切片)：选择切分边，用切分出的边创建分离体。

⑤ Slice By Edge Loop(用封闭棱边切片)：在实体模型上选择一条封闭的棱边来创建切片。

(14) Delete(删除)：单击此命令后，会弹出如图 2-47 所示的菜单，可删除的对象有实体、面、边。

① Body Delete(删除实体)：本命令用于删除已建立的实体操作。

② Face Delete(删除面)：本命令用于"撤销"倒角和去材料等操作。

③ Edge Delete(删除边线)：与 Face Delete 作用相似，这里不再赘述。

单击 Face Delete(删除面)命令后弹出如图 2-48 所示的删除面设置面板。

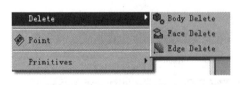

图 2-47  删除弹出菜单

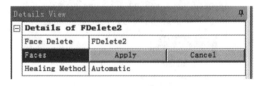

图 2-48  删除面设置面板

在 Healing Method(处理方式)栏中有以下几种方式来实现删除面的操作。

① Automatic(自动)：选择本命令后，在 Face 栏中选择要去除的面，即可将面删除。

② Natural Healing(自然处理)：对几何体进行自然复原处理。

③ Patch Healing(修补处理)：对几何实体进行修补处理。

④ No Healing(不处理)：不进行任何修复处理。

(15) Primitives(原始图形)：如图 2-49 所示，利用此命令可以创建一些原始的图形，如球体、圆环等。

### 3. Concept(概念)菜单

图 2-50 所示为 Concept(概念)菜单,Concept 菜单中包含对线体和面进行操作的一系列命令,包括线体的生成与面的生成等。

图 2-49　原始实体图

图 2-50　Concept 菜单

### 4. Tools(工具)菜单

图 2-51 所示为 Tools(工具)菜单,Tools 菜单中包含对线、体和面进行操作的一系列命令,包括冻结、解冻、选择命名、属性、包含、填充等命令。

下面对一些常用的工具命令进行简单介绍。

(1) Freeze(冻结):DesignModeler 平台默认将新建立的几何体和已有的几何体合并起来形成一个体,如果想将新建立的几何体与已有的几何体分开,需要将已有的几何体进行冻结处理。

冻结特征可以将所有的激活体转到冻结状态,但是在建模过程中除切片操作以外,其他命令都不能用于冻结体。

(2) Unfreeze(解冻):冻结的几何体可以通过本命令解冻。

(3) Named Selection(选择命名):用于对几何体的节点、边线、面、体等进行命名。

(4) Mid-Surface(中间面):用于将等厚度的薄壁类结构简化成"壳"模型。

(5) Enclosure(包含):在体附近创建周围区域以方便模拟场区域。本操作主要应用于计算流体动力学(computation fluid dynamics,CFD)及电磁场有限元分析(EMAG)等计算的前处理,通过 Enclosure 操作可以创建物体的外部流场或者绕组的电场或磁场计算域模型。

图 2-51　Tools 菜单

(6) Fill(填充):与 Enclosure(包含)命令相似,Fill 命令主要为几何体创建内部计算域,如管道中的流场等。

**5. View(视图)菜单**

图 2-52 所示为 View(视图)菜单,View 菜单中各个命令主要是对几何体进行显示的操作。

**6. Help(帮助)菜单**

图 2-53 所示为 Help(帮助)菜单,Help 菜单提供了在线帮助等。

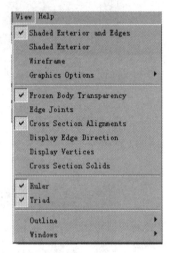

图 2-52 View(视图)菜单

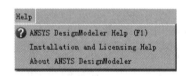

图 2-53 Help 菜单

## 2.2.3 工具栏

图 2-54 所示为 DesignModeler 平台默认的常用工具命令,这些命令在菜单栏中均可找到。下面对建模过程中经常用到的命令进行介绍。

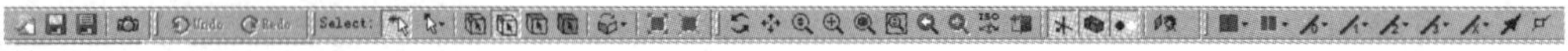

图 2-54 工具栏

以三键鼠标为例,鼠标左键实现基本控制,包括几何实体的选择和拖动,此外可以与键盘部分按钮结合使用实现不同操作。

- Ctrl+鼠标左键:执行添加/移除选定几何实体操作。
- 鼠标中键:执行放大/缩小几何实体操作。
- Ctrl+鼠标中键:执行几何实体平移操作。

另外,按住鼠标右键框选几何实体,可以实现几何实体的快速缩放操作。在绘图区域右击可以弹出快捷菜单,以完成相关的操作,如图 2-55 所示。

**1. 选择过滤器**

在建模过程中,经常需要选择实体的某个面、某个边或者某个点等,可以在工具栏中相应的过滤器中进行选择切换,如图 2-56 所示。如果想选择齿轮上的某个齿的面,首先选中工具栏中的 按钮使其处于凹陷状态,然后选择所需的面即可。如果想要选择线或者点,则只需选中工具栏中的 按钮或者 按钮,然后选择所需的线或者点即可。

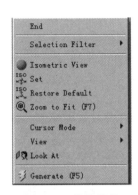

图 2-55　快捷菜单

图 2-56　面选择过滤器

如果需要对多个面进行选择，则需要单击工具栏中的 按钮，在弹出的菜单中选择 Box Select 命令，然后单击 按钮，在绘图区域中框选需要的面即可。线或者点的框选与面类似。

框选的时候有方向性，具体说明如下。

- 鼠标从左到右拖动：选中所有完全包含在选择框的对象。
- 鼠标从右到左拖动：选中包含于或经过选择框的对象。

**2. 窗口控制**

DesignModeler 平台的工具栏上面有各种控制窗口的快捷按钮，可以通过单击不同按钮实现图形控制，如图 2-57 所示。

- 按钮用来实现几何旋转操作；
- 按钮用来实现几何平移操作；
- 按钮用来实现图形的放大缩小操作；
- 按钮用来实现窗口的缩放操作；
- 按钮用来实现自动匹配窗口大小操作。

图 2-57　窗口控制

## 2.2.4　常用命令栏

图 2-58 所示为 DesignModeler 平台的常用命令栏，这些命令在菜单栏中均可找到，这里不再赘述。

图 2-58　常用命令栏

## 2.2.5　Tree Outline（模型树）

图 2-59 所示的模型树中包括两个模块：Sketching（草绘）和 Modeling（实体模型），下面

对 Sketching(草绘)模块中命令进行详细介绍。

Sketching(草绘)模块主要由以下几个部分组成。

(1) Draw(草绘)：图 2-60 所示为 Draw(草绘)卷帘菜单，菜单中包括了二维草绘需要的所有工具，如直线、圆、矩形、椭圆等，操作方法与其他 CAD 软件一样。

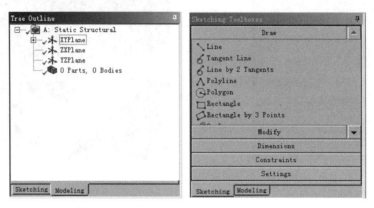

图 2-59　Tree Outline(模型树)

(2) Modify(修改)：图 2-61 所示为 Modify(修改)卷帘菜单，菜单中包括了二维草绘修改需要的所有工具，如倒圆角、倒角、裁剪、延伸、分割等，操作方法与其他 CAD 软件一样。

图 2-60　Draw(草绘)

图 2-61　Modify(修改)

(3) Dimensions(尺寸标注)：图 2-62 所示为 Dimensions(尺寸标注)卷帘菜单，菜单中包括了二维图形尺寸标注需要的所有工具，如一般标注、水平标注、垂直标注、长度/距离标注、半径/直径标注、角度标注等，操作方法与其他 CAD 软件一样。

(4) Constraints(约束)：图 2-63 所示为 Constraints(约束)卷帘菜单，菜单中包括了二维图形约束需要的所有工具，如固定约束、水平约束、竖直约束、垂直约束、相切约束、对称约束、平行约束、同心约束、等半径约束、等长度约束等,操作方法与其他 CAD 软件一样。

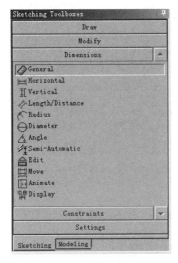

图 2-62 Dimensions(尺寸标注)

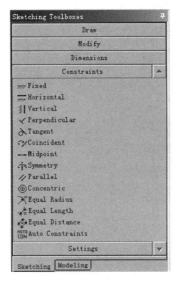

图 2-63 Constraints(约束)

(5) Settings(设置):图 2-64 所示为 Settings(设置)卷帘菜单,Settings(设置)菜单主要完成草绘界面的栅格大小及移动捕捉步大小的设置任务。

① 在 Settings(设置)菜单中单击 Grid 命令,使 Grid 图标处于凹陷状态,同时在后面生成"Show in 2D:□"和"Snap:□",勾选"□"使其处于选中状态 Show in 2D: ☑Snap: ☑,此时用户交互窗口出现如图 2-65 所示的栅格。

图 2-64 Settings(设置)

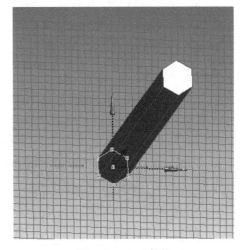

图 2-65 Grid 栅格

② 在 Settings(设置)菜单中单击 Major Grid Spacing 命令,使 Major Grid Spacing 图标处于凹陷状态,同时在后面生成 10 mm,在此文本框中输入主栅格的大小,默认为 10mm,确认后出现如图 2-66(a)所示的栅格;将此值改成 20mm 后在用户交互窗口出现如图 2-66(b)右侧所示的栅格。

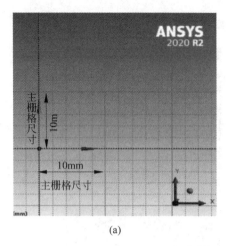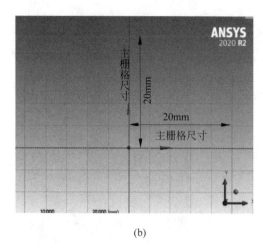

(a)             (b)

图 2-66 主栅格大小

（a）Major Grid Spacing 为 10mm；（b）Major Grid Spacing 为 20mm

③ 在 Settings（设置）菜单中单击 Minor-Steps per Major 命令，使 Minor-Steps per Major 图标处于凹陷状态，同时在后面生成 10 ，在此文本框中输入每个主栅格上划分的网格数，默认为 10，如图 2-67（a）所示；将此值改成 15，如图 2-67（b）所示。

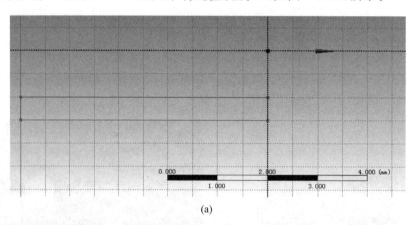

(a)

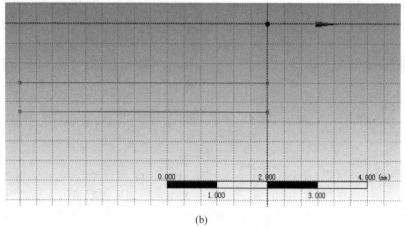

(b)

图 2-67  主栅格中小网格数量设置

（a）每个主栅格包含 10 个网格；（b）每个主栅格包含 15 个网格

### 2.2.6　几何建模实例——连接板

下面通过一个连接板的实例讲解 DesignModeler 几何建模的方法和过程。与其他 CAD 软件操作方法一样,实体建模需要先创建二维图形,这部分工作在草绘模式下完成,本节主要介绍如何在草绘模式下绘制 2D 图形。

(1)启动 Workbench 2020。在 Windows 系统中执行"开始"→"所有程序"→ANSYS 2020 R2→Workbench 2020 R2 命令,打开 Workbench 2020 R2。

(2)创建项目。双击主界面 Toolbox(工具箱)中的 Component Systems Geometry(几何)选项,即可在 Project Schematic(工程项目管理区)创建项目 A,如图 2-68 所示。

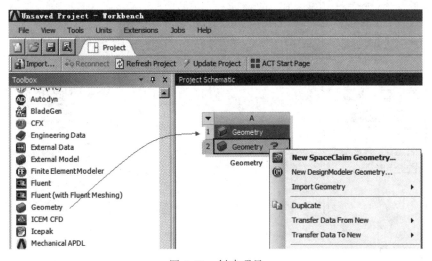

图 2-68　创建项目

(3)启动 DesignModeler。右击项目 A 中的 A2(Geometry),弹出如图 2-68 所示的快捷菜单,单击第二项会启动如图 2-69 所示的 DesignModeler 绘图平台。

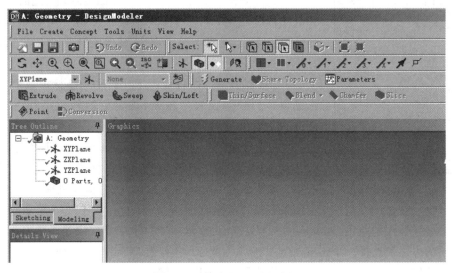

图 2-69　启动 DesignModeler

（4）选择绘图平面。单击 Tree Outline(模型树)→A：Geometry→XYPlane，此时会在绘图区域中出现绘图坐标平面，然后单击工具栏中的  按钮，使平面正对窗口，如图 2-70 所示。

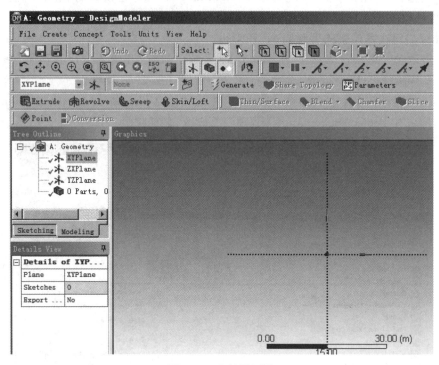

图 2-70　坐标平面图

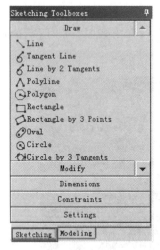

图 2-71　草绘操作面板

（5）创建草绘。如图 2-71 所示，单击 Tree Outline 下面的 Sketching(草绘)选项卡，此时会切换到草绘命令操作面板。

（6）自动捕捉。单击 Draw→Circle 按钮，此时 Circle 按钮处于凹陷状态，即被选中。移动鼠标指针至绘图区域中的坐标原点附近，此时会在绘图区域出现"P"字符，表示此时鼠标指针在坐标原点。

（7）草绘操作 1。将鼠标指针移动到坐标原点后单击，再拖动鼠标到预定位置后单击，确定圆的创建指针，依次画如图 2-72 所示的 3 个圆。

（8）草绘操作 2。单击 Draw→Rectangle 按钮，此时 Rectangle 按钮处于凹陷状态，即被选中。将鼠标指针移动到绘图区域的第二象限预定位置后按下鼠标左键，拖动鼠标到第四象限预定位置后松开鼠标，所画草图 Sketch1 如图 2-73 所示。

（9）尺寸标注。单击 Dimensions→General 按钮，此时 General 按钮处于凹陷状态，表示一般性质的标注被选择。单击要标尺寸的几何要素，然后在 Details View 面板中 Dimensions 相应的尺寸代码右侧一栏输入相应的尺寸数值，按 Enter 键，确定输入，如图 2-74 所示。

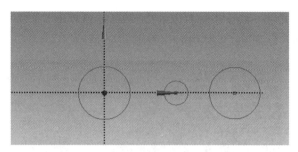

图 2-72　绘图操作 1

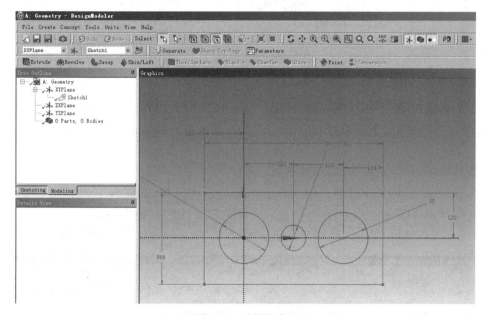

图 2-73　绘图操作 2

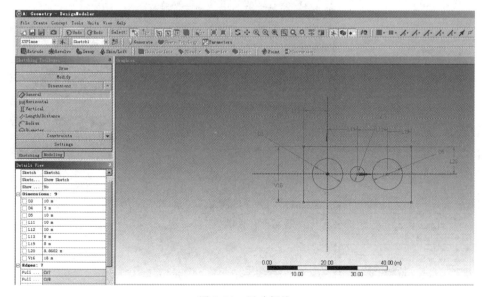

图 2-74　尺寸标注

（10）切换操作。单击 Sketching 右侧的 Modeling 选项卡，将 Sketching Toolboxes（草绘工具箱）切换到 Tree Outline（模型树）下，如图 2-75 所示。

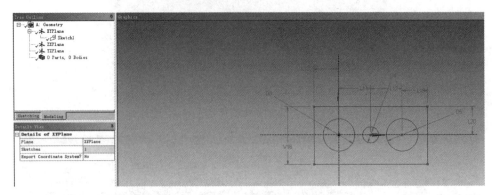

图 2-75　切换模式

（11）单击工具栏中的 ![Extrude]（拉伸）按钮，此时在 Tree Outline（模型树）的"A: Geometry"下出现一个拉伸命令，在 Details View 面板中的 Details of Extrude2 下面作如下设置：

① 在 Geometry 栏中选中 Sketch1；

② 在 Operation 栏中选择 Add Material（默认为 Add Material）；

③ 将"Extent Type→FD1,Depth（＞0）"设置为 3，其余采用默认设置。

完成以上设置后，单击工具栏中的 ![Generate] 按钮，生成拉伸特征，如图 2-76 所示。

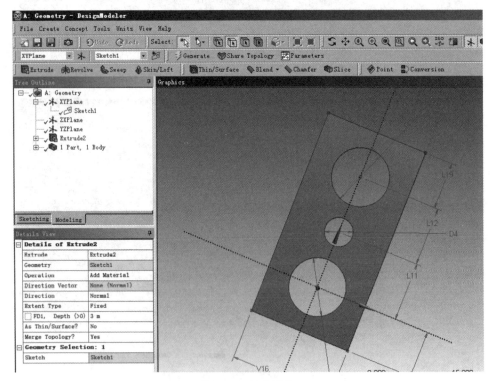

图 2-76　拉伸操作

（12）去材料操作。单击工具栏中的 ▣ 按钮，然后单击连接板上平面，再单击工具栏中的 ▣ 按钮，使绘图平面正对窗口。在连接板上平面（$Z$ 坐标最大位置处）绘制如图 2-77 所示的 15mm×33 mm 矩形草图 Sketch2。

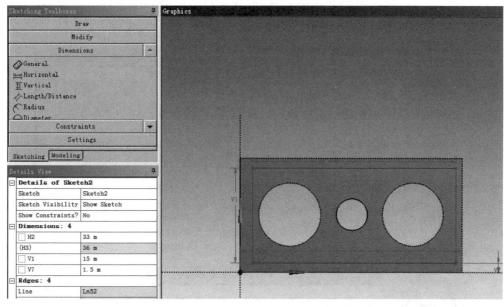

图 2-77　矩形草图

（13）单击工具栏中的 ▣Extrude（拉伸）按钮，此时在 Tree Outline（模型树）的"A：Geometry"下出现一个拉伸命令，如图 2-78 所示，在 Details View 面板中的 Details of Extrude3 下面作如下设置：

① 在 Geometry 栏中选中 Sketch2；

② 在 Operation 栏中选择 Cut Material 选项（默认为 Add Material）；

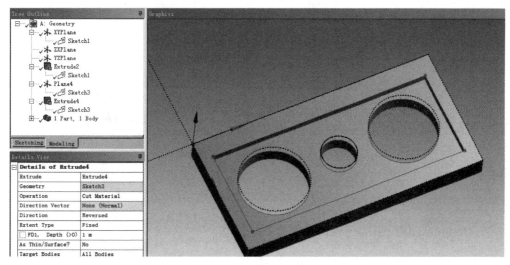

图 2-78　去材料操作

③ 在 Direction 栏中选择 Reversed 选项，默认为 Normal；

④ 将"Extent Type→FD1，Depth(>0)"设置为 1，其余采用默认设置。

完成以上设置后，单击工具栏中的 <kbd>Generate</kbd> 按钮，生成去材料拉伸特征，如图 2-78 所示。

(14) 模型保存。单击工具栏中的 ⊞ 按钮，在弹出的如图 2-79 所示的"另存为"对话框中的"文件名"文本框中输入要保存的文件名，单击"保存"按钮，完成模型的存储。

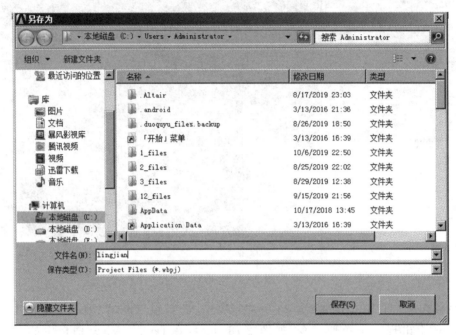

图 2-79　模型保存

(15) 关闭 DesignModeler 程序。单击右上角的 ✕ 按钮关闭程序。

## 2.3　本章小结

本章详细介绍了 Workbench 2020 平台的几何建模工具 DesignModeler 模块的结构组成和主要菜单的功能，最后通过一个典型的实例综合介绍了一般几何模型的建模方法。在建模过程中方法不是唯一的，以上实例的建模过程主要为了使读者了解各个命令的使用方法，在工程实际应用中，应使用相对简单且操作容易的方法进行几何建模。

## 习题

1. ANSYS Workbench 可以用来进行什么仿真？

2. DesignModeler 几何建模的步骤有哪些？

# 3

# Meshing网格划分

按照有限元分析流程,几何建模完成后,应该对其进行网格划分以便生成包含节点和单元的有限元模型。Workbench 平台对几何模型进行划分的工具有两个:一个是集成在 Workbench 平台上的高度自动化网格划分工具——Meshing 网格划分平台;另一个是高级专业几何网格划分工具——ICEM CFD 网格划分工具。本章主要介绍 Meshing 平台常用的网格划分方法,通过大量的实例对不同物理场的网格划分方法及操作过程进行详细讲解。

## 3.1 Meshing 网格划分概述

Meshing 网格划分模块具有以下特点:

(1) 参数化:参数驱动系统,可以基于优化设计模块,研究网格对求解精度的影响。

(2) 稳定性:模型通过系统参数进行更新。

(3) 高度自动化:仅需要有限的输入信息即可完成基本的分析类型。

(4) 灵活性:能够对结果网格添加控制和影响(完全控制建模/分析)。

(5) 物理相关:根据物理环境的不同,系统自动建模和分析的物理系统。

(6) 自适应结果:适应用户程序的开发系统。

(7) 能读取 CAD neutral、meshing neutral、solver neutral 等格式的文件。

(8) Meshing 集成了诸多的网格划分源程序,如 ICEM CFD、TGrid、GAMBIT、CFX 等。

网格划分的目的是对 CFD(流体)和 FEA(结构)等不同物理场的几何模型实现离散化,把求解域分解成可得到精确解的适当数量的单元。它可以为 Workbench 不同的求解器提供对应的网格文件。有限元分析离不开网格的划分,网格划分的质量将直接关系到求解的精度和求解的稳定性。

网格划分要求兼顾网格划分效率与求解精度,一般对于模型中应力集中处和几何特征细节处需要进行网格细化。不同几何模型所采用的划分方法也完全不同,能够正确利用现有的网格划分技术对几何模型进行网格划分并获得高质量的网格是一项重要的技能。

### 3.1.1 网格适用领域

Workbench 中的 Meshing 网格划分工具可以根据物理场提供不同的网格划分方法,

Meshing 网格划分工具可以在任何分析类型中使用,适用的领域主要包括:

(1) Mechanical(结构场):为结构及热力学有限元分析提供网格划分。

(2) Electromagnetics(电磁场):为电磁场有限元分析提供网格划分。

(3) CFD(流场):为计算流体动力学有限元分析提供网格划分,如 Workbench CFX、Workbench FLUENT 求解器。

(4) Explicit(显示动力学):为显示动力学分析软件提供网格划分,如 AUTODYN、Workbench LS-DYNA 求解器。

(5) Hydrodynamics(流体动力学):为流体动力学分析软件提供网格划分,如 AUTODYN、Workbench LS-DYNA 求解器。

具体进行网格划分前,要先选择相应的物理场,如图 3-1 所示。

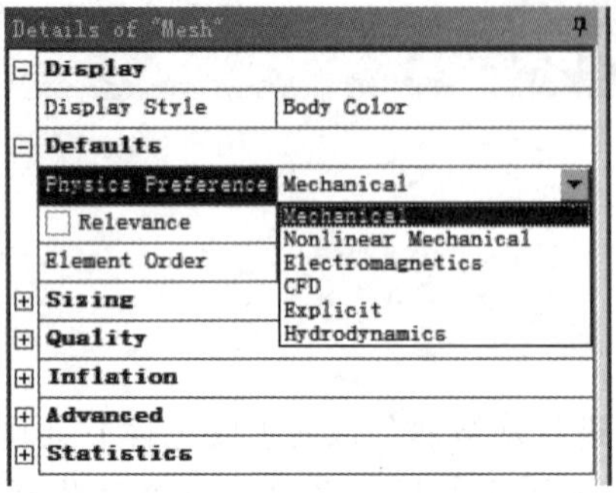

图 3-1　网格划分物理场参照设置

## 3.1.2　网格划分方法

Meshing 网格划分平台中的网格类型主要有四面体网格、六面体网格、棱柱网格、金字塔网格等,如图 3-2 所示,可以在几何体的不同部位运用不同的网格划分方法。

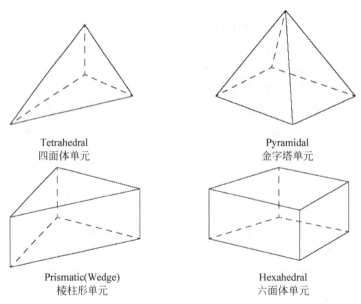

Tetrahedral
四面体单元

Pyramidal
金字塔单元

Prismatic(Wedge)
棱柱形单元

Hexahedral
六面体单元

图 3-2　Meshing 中网格的基本形状

### 1. 对于三维几何体

对于三维几何体(3D),有如图 3-3 所示的几种不同的网格划分方法。

1) Automatic(自动划分法)

自动划分法是软件根据导入的几何模型自动地进行四面体或者扫掠网格划分。如果模型中较为规则的实体是可扫掠的,则被扫掠划分网格,否则将使用 Tetrahedrons 下的 Patch Conforming 网格器划分网格。

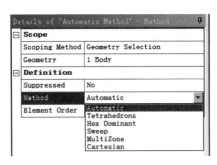

图 3-3　3D 几何体的网格划分法

自动划分法是软件默认的网格划分方法,通常简单的分析模型可以直接使用自动划分方法,复杂模型为了获得较高质量的网格不建议直接自动划分。图 3-4 给出了自动划分方法的网格划分结果。

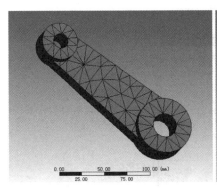
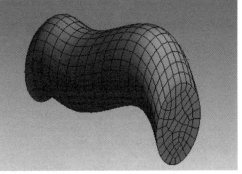

图 3-4　几何体的自动网格划分结果

2) Tetrahedrons(四面体划分法)

四面体网格划分适用于几乎所有的几何体,尤其是几何模型比较复杂,无法直接生成六面体网格的模型。四面体划分法包括 Patch Conforming 划分法(Workbench 自带功能)及 Patch Independent 划分法(依靠 ICEM CFD Tetra Algorithm 软件包实现)。

(1) Patch Conforming 划分法(Workbench 自带功能)的特点如下:

① 网格划分时会考虑所有的面及其边界(尽管在收缩控制和虚拟拓扑时会改变且默认损伤外貌基于最小尺寸限制)。

② 适度简化 CAD(如 native CAD、Parasolid、ACIS 等),对几何模型的质量有一定要求,需要一定量的几何清理工作。

③ 在多体部件中可能结合使用扫掠方法生成共形的混合四面体/棱柱和六面体网格。网格划分自下而上,先划分面网格,再划分体网格。

(2) Patch Independent 划分法的特点如下:

① 网格划分时可能会忽略面及其边界,若在面上施加了边界条件,便不能忽略。

② 有高级尺寸功能,它有两种定义方法:Max Element Size 用于控制初始单元划分的大小;Approx number of Elements 用于控制模型中期望的单元数目(可以被其他网格划分控制覆盖)。

网格划分自上而下,先划分体网格,再划分面网格。

Patch Independent 划分法设置如图 3-5 所示。当 Mesh Based Defeaturing 设为 On,在 Defeaturing Tolerance 选项中设置某一数值时,程序会根据初始单元大小和特征角度过滤掉几何边。

③ 网格细化可以通过基于特征位置处的曲率以及邻近几何特征的邻近程度来控制，在曲率较大或者存在缝隙的地方采用较小的网格，最小单元通过 Min Size Limit 设置。

④ 网格生成速率则用来控制单元内部网格形成的大小。

图 3-5　Patch Independent 划分法设置

图 3-6 所示的模型分别为采用 Patch Conforming 划分法和 Patch Independent 划分法进行的网格划分。

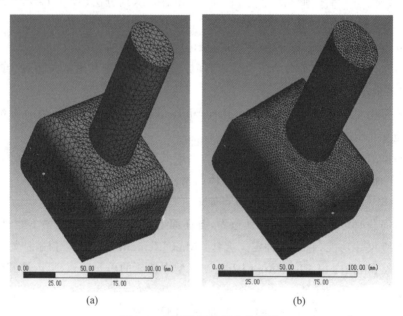

(a)　　　　　　　　　(b)

图 3-6　四面体网格划分法示例

（a）Patch Conforming 划分法；（b）Patch Independent 划分法

3）Hex Dominant（六面体主导网格划分法）

六面体主导网格划分法主要用于控制几何体表面生成四边形主导的面网格，然后得到六面体，最后根据需要填充棱锥和四面体单元。该方法适用于略微复杂的无法进行扫掠划分的几何模型或内部容积大的体，而对体积和表面积比较小的薄复杂体、CFD无边界层的识别无用。

该方法划分得到的网格模型如图 3-7 所示。

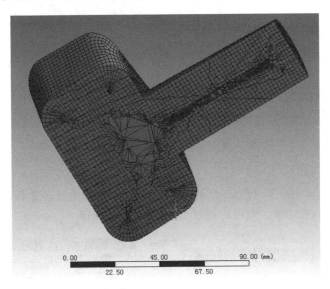

图 3-7　六面体主导网格划分法示例

4）Sweep（扫掠划分法）

通过扫掠的方法进行网格划分，网格多是六面体单元，也可能是棱柱单元。扫掠法是针对几何结构比较规则的模型进行网格划分的方法，用于生成六面体或者棱柱单元，采用该方法需要保证几何模型是可以扫掠的，在源面与目标面之间有相同的拓扑结构。如图 3-8 所示类似的几何体具备扫掠特征就可以采用扫掠法进行网格划分。

如果模型中存在多个实体，在进行扫掠之前可以右击 Mesh，从弹出的快捷菜单中选择 Show→Sweepable Bodies 命令，则软件以绿色显示可以进行扫掠划分的实体。

在 Workbench 2020 中用扫掠法进行网格划分的操作步骤如下：

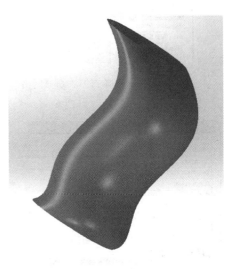

图 3-8　扫掠几何体

（1）在 Workbench 2020 中双击 Mesh 进入网格划分界面，在网格划分界面窗口选择 Mesh 后右击，从弹出的快捷菜单中选择 Insert→Method 命令（选择网格划分方法），如图 3-9 所示，软件默认采用网格自动划分法。

（2）在 Geometry 中选择划分的对象，同时在 Method 中选择 Sweep，则调出 Sweep 设

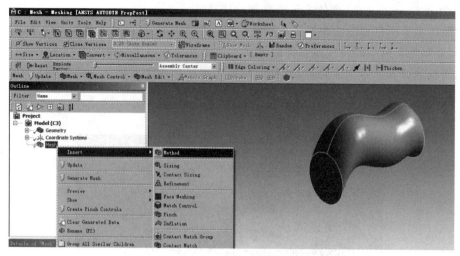

图 3-9　选择网格划分方法

置窗口,如图 3-10 所示。

　　在设置窗口中,Source 和 Target 分别表示源面和目标面,通过设置 Src/Trg Selection 来指定源面和目标面的选择方式。有五种选择方式,系统默认选择 Automatic,如图 3-11 所示。

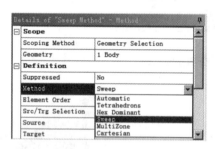

图 3-10　选择扫掠法划分网格

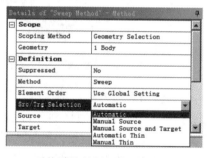

图 3-11　系统默认的源面和目标面的选择方式

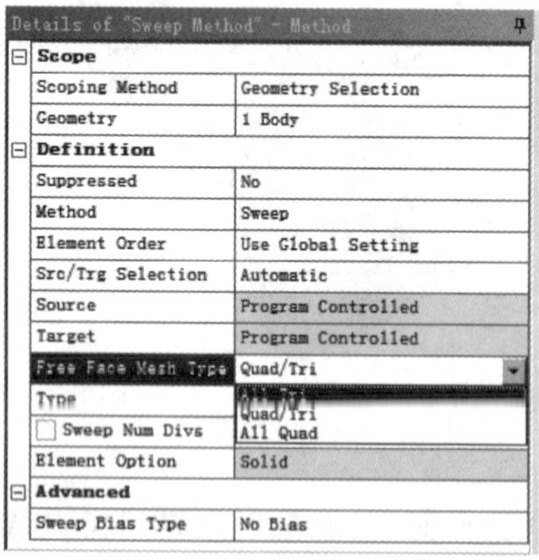

图 3-12　自由面的单元类型

　　Free Face Mesh Type 用来指定自由面的单元类型,可以指定全部为三角形、四边形或者三角形和四边形的混合,如图 3-12 所示。

　　Type 用来指定扫掠的形式,可以指定 Element Size、Number of Divisions。系统默认为 Number of Divisions 选项,如图 3-13 所示。

　　默认情况下右击 Mesh,从弹出的快捷菜单中选择 Generate Mesh 可以划分得到扫掠网格单元,如图 3-14 所示。

　　(3)人工指定源面和目标面再次划分,设置 Element Size 选项,单元尺寸设置为 1.5mm,完成单元网格的生成,如图 3-15 所示。

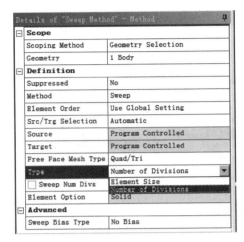

图 3-13　Type 指定扫掠的形式

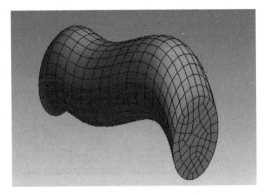

图 3-14　Generate Mesh 划分得到扫掠网格单元

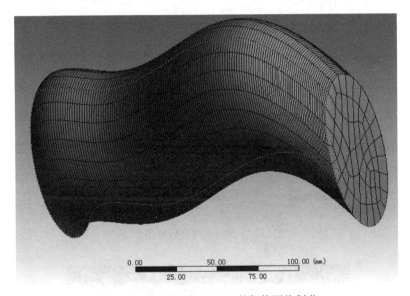

图 3-15　设置 Element Size 的扫掠网格划分

5）MultiZone（多区域划分法）

多区域划分法是指软件自动将几何体进行几何分解，将几何体自动归类为映射区域和自由区域。映射区域存在可映射的拓扑形状，可以直接进行扫掠划分；自由区域则无法进行扫掠划分，而用四面体或者其他锥体网格填充。

多区域划分法对映射区和自由区分别有多种网格设置，如图 3-16 所示。通过对不同区域设置不同的网格类型，可以获得高质量的网格。

多区域网格划分结果如图 3-17 所示。

6）Cartesian（笛卡儿划分法）

笛卡儿划分法用于生成六面体及棱柱网格，它主要是针对 CFD 而开发的，该方法将对几何边界进行自动修复，但无法与其他方法同时使用。划分结果如图 3-18 所示。

图 3-16  多区域划分法网格设置

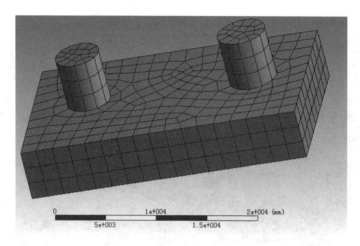

图 3-17  多区域网格划分结果

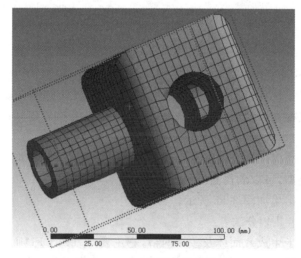

图 3-18  笛卡儿网格划分结果

**2. 对于面体或壳二维几何**

对于面体或壳二维（2D）几何，ANSYS 提供的网格划分方法有：Quad Dominant（四边形单元主导）、Triangles（三角形单元）、Uniform Quad/Tri（均匀四边形/三角形单元）、Uniform Quad（均匀四边形单元）。

### 3.1.3 网格默认设置

在 ANSYS 中完成了几何模型的创建、导入及修改后，双击项目选项 Mesh 则 Mesh 网格划分平台被加载，如图 3-19 所示。

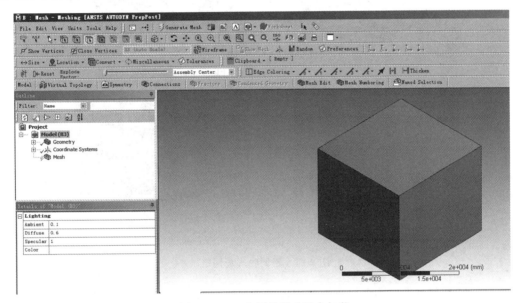

图 3-19　Mesh 网格划分平台加载

在网格划分过程中，除了选择网格划分技术外，对网格划分过程中的参数进行控制也是非常重要的内容，网格划分的控制包括网格尺寸的控制、网格质量的检查等内容。网格的控制方法包括全局网格控制和局部网格控制。全局网格的设置用来控制整体模型的网格划分，主要是进行网格尺度、平滑性等参数的设置。网格默认设置指的是对全局网格的默认设置。

单击 Mesh 网格划分平台中的 Mesh 图标，则打开 Mesh 详细参数设置面板，如图 3-20 所示。系统默认选项 Defaults 有三项内容：Physics Preference、Relevance、Element Order。Physics Preference 用来设置不同的物理模型，分别是 Mechanical（结构场）、Electromagnetics（电磁场）、CFD（流场）、Explicit（显示动力学）、Hydrodynamics（流体动力学）5 种物理模型。根据分析需要选择相应的物理模型，设置完成后会自动生成相关物理环境的网格（如 Mechanical、FLUENT、CFX 等）。

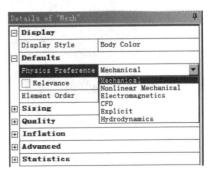

图 3-20　Mesh 详细参数设置面板

在划分网格时,不同的分析类型有不同的网格划分要求,结构分析使用高阶单元划分较为粗糙的网格,CFD要求使用好的、平滑过渡的网格,边界层转化,不同的CFD求解器也有不同的要求。在网格划分的物理环境设置完成之后,需要设定物理优先项,划分后的网格如图3-21所示。

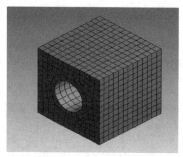
Mechanical(结构场)网格

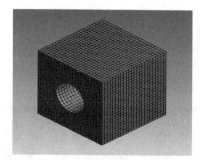
Electromagnetics(电磁场)网格

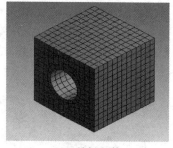
CFD(流场)网格

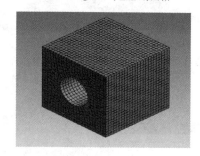
Explicit(显示动力)学网格

图 3-21　不同物理场网格

Mesh网格划分平台能够根据所选的仿真平台智能地为不同的仿真平台需求来设置相关的默认值,也就是不同的物理场其默认项及默认值不同。其中Relevance(相关性)是通过拖动滑块来实现网格细化或粗糙控制的,Relevance的取值范围在$-100 \sim 100$。如图3-22所示为Mechanical结构场网格划分时,Relevance取值为$-100$、0、50、100四种情况下的单元数和节点数量,对比分析这四张图可以发现Relevance值越大,则节点和单元划分的数量越多。

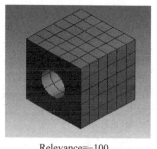
Relevance=-100

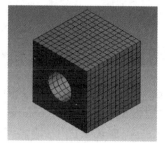
Relevance=0

图 3-22　Mechanical 结构场 Relevance 取不同值的网格划分

图 3-22 （续）

在 ANSYS 中进行网格划分时,对于一些简单的几何模型可以使用默认的设置,但要进行高质量的网格划分,还需要用户参照网格的详细参数设置方法来设置,尤其是对于复杂的零部件。

## 3.1.4 网格尺寸设置

对网格的尺寸设置包括全局网格设置和局部网格设置两种方法。其中全局网格尺寸设置(Sizing)是在 Details of "Mesh" 参数设置面板中进行的,面板中的 Sizing 各选项用来进行网格尺寸的相关设置,如图 3-23 所示。本节将对网格尺寸设置的各类方法进行详细介绍。

全局网格尺寸设置包含的主要选项如下:

(1) Size Function(尺寸函数):系统设有 5 个选项,如图 3-24 所示。

图 3-23　Sizing 网格尺寸的相关设置　　　图 3-24　Size Function(尺寸函数)设置

Adaptive(自适应):系统自动对线、面曲率较大位置处的网格进行处理,只有选择自适应方式,才能联合 Relevance Center 设置网格质量等级。

Proximity and Curvature(相邻边和曲率):通过相邻边和曲率确定及细化较大曲率位置处的网格,可以设置最大面网格尺寸、最小网格尺寸、最大四面体网格尺寸、相邻边最小尺寸以及网格增长速率等参数。

Curvature(曲率):对存在较大曲率特征位置处网格根据曲率大小进行设置。

Proximity(相邻边)：用于控制模型中狭小、接近几何特征处网格划分。

Uniform(统一)：采用统一网格尺度进行划分，对于存在较大曲率位置处的网格不作特殊处理。

（2）Relevance Center(相关中心)：系统设有 3 个等级选项，根据需要分别设置为 Coarse(粗糙)、Medium(中等)、Fine(良好)来设置网格尺度。此项的默认值为 Coarse(粗糙)。如图 3-25 所示为 Relevance Center 分别设置为 Coarse(粗糙)、Medium(中等)、Fine (良好)3 种情况下的网格划分情况。

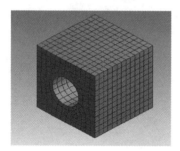
Relevance Center=Coarse

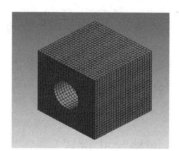
Relevance Center= Medium

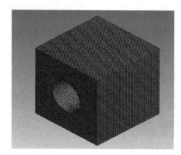
Relevance Center= Fine

图 3-25　Relevance Center 取不同值时的网格划分

（3）Element Size(单元尺寸)：用来设置整个模型网格的单元尺寸，该尺寸将应用到所有的边、面和体的划分中。通过在此选项后面输入网格尺寸大小来控制网格划分的粗细程度。图 3-26 所示为 Element Size 取不同值时的网格划分情况。

（4）Transition(过渡)：用于控制邻近单元增长比，包含 Fast、Slow 两个选项。通常情况下 CFD、Explicit 分析需要缓慢产生网格过渡，Mechanical、Electromagetics 需要快速产生网格过渡。

（5）Initial Size Seed(初始尺寸种子)：用来控制每一部件的初始网格种子，此时已定义单元的尺寸会被忽略，它包含 Active Assembly、Full Assembly、Part 三个选项。

Active Assembly(激活的组件)：该选项为默认选项，初始种子放入未抑制部件，网格可以改变。

Full Assembly(整个组件)：选择该设置时，初始种子放入所有装配部件。不考虑抑制部件的数量，由于抑制部件的存在，网格不会改变。

Part(部件)：选择该设置时，初始种子在网格划分时放入个别特殊部件。由于抑制部件的存在，网格不会改变。

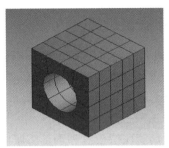

Element Size=5mm

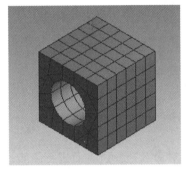

Element Size=2mm

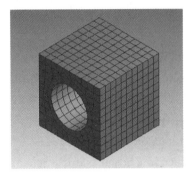

Element Size=1mm

图 3-26　Element Size 取不同值时的网格划分

（6）Span Angle Center(跨度中心角)：用来设定基于边细化的曲度目标。控制网格在弯曲区域细分，直到单独单元跨越这个角。有以下 3 个选项：

① Coarse(粗糙)：角度范围－90°～60°。

② Medium(中等)：角度范围－75°～24°。

③ Fine(细化)：角度范围－36°～12°。

不同跨度中心角的效果如图 3-27 所示。从图中可以看出，当 Span Angle Center 选项设置由 Coarse 变为 Fine 时，圆孔处的网格划分数量加密，网格角度变小。

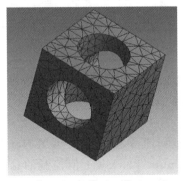

Span Angle Center= Coarse

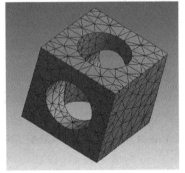

Span Angle Center= Fine

图 3-27　不同跨度中心角网格划分效果

### 3.1.5 Meshing 网格膨胀层设置

膨胀控制(Inflation)是通过边界法向挤压面边界网格转化实现的,主要应用于 CFD(计算流体动力学)分析中,用于处理边界层处的网格,实现从膨胀层到内部网格的平滑过渡,其中包括纯六面体及楔形体等。但这并不表示膨胀控制只能应用于 CFD,在固体力学的 FEM 分析中,亦可应用 Inflation 法来处理网格。

对网格的膨胀层设置包括全局膨胀层设置和局部膨胀层设置两种方法。Meshing 网格设置可以在 Mesh 下操作,单击模型树中的 Mesh 图标,则打开 Details of "Mesh"参数设置面板,全局网格膨胀层设置是在 Details of "Mesh"设置面板中的 Inflation 中设定的,如图 3-28 所示。

Inflation 设置选项有以下 7 个:

1) Use Automatic Inflation(使用自动控制膨胀层)

该选项有以下 3 种设置选项,如图 3-29 所示。

(1) None:不使用自动控制膨胀层。

(2) Program Controlled:程序控制膨胀层。

(3) All Face in Chosen Named Selection:对命名选择所有面进行膨胀设置。

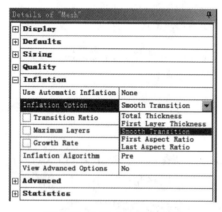

图 3-28　Inflation 选项设置

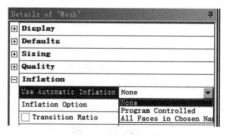

图 3-29　Use Automatic Inflation 设置

2) Inflation Option(膨胀选项)

Inflation Option(膨胀选项)包括 Total Thickness(总厚度)、First Layer Thickness(第一层厚度)、Smooth Transition(平滑过渡)等选项,如图 3-28 所示。

(1) Total Thickness(总厚度)

Total Thickness 用来创建常膨胀层,其参数如图 3-30 所示。可用 Number of Layers 的值和 Growth Rate 的值来控制,以获得 Maximum Thickness 值控制的总厚度。不同于 Smooth Transition 选项的膨胀,Total Thickness 选项的第一膨胀层和下列每一层的厚度都是常量。需要输入网格最大厚度值(Maximum Thickness)。

(2) First Layer Thickness(第一层厚度)

First Layer Thickness 也用来创建常膨胀层,其参数如图 3-31 所示。可使用 First Layer Height、Maximum Layers 和 Growth Rate 控制生成膨胀网格。不同于 Smooth

Transition 选项的膨胀,First Layer Thickness 选项的第一膨胀层和下列每一层的厚度都是常量。需要输入第一层网格厚度值(First Layer Thickness)。

| Inflation | |
|---|---|
| Use Automatic Inflation | None |
| **Inflation Option** | **Total Thickness** ▼ |
| ☐ Number of Layers | 5 |
| ☐ Growth Rate | 1.2 |
| ■ Maximum Thickness | Please Define |
| Inflation Algorithm | Pre |

图 3-30  Total Thickness 创建常膨胀层

| Details of "Mesh" | ⋤ |
|---|---|
| ⊞ **Display** | |
| ⊞ **Defaults** | |
| ⊞ **Sizing** | |
| ⊞ **Quality** | |
| ⊟ **Inflation** | |
| Use Automatic Inflation | None |
| Inflation Option | First Layer Thickness |
| ☐ First Layer Height | Please Define |
| ☐ Maximum Layers | 5 |
| ☐ Growth Rate | 1.2 |

图 3-31  First Layer Thickness 创建常膨胀层

(3) Smooth Transition(平滑过渡)

该选项为默认选项,如图 3-28 所示,表示使用局部四面体单元尺寸计算每个局部的初始高度和总高度,以达到平滑的体积变化比。每个膨胀的三角形都有一个关于面积计算的初始高度,在节点处平均。这意味着对于均匀网格,初始高度大致相同,而对于变化网格,初始高度是不同的。

(4) First Aspect Ratio(第一层网格的宽高比)

First Aspect Ratio 的参数如图 3-32 所示,程序默认的宽高比为 5,用户可以根据需要修改。

(5) Last Aspect Ratio(最后一层网格的宽高比)

Last Aspect Ratio 的参数如图 3-33 所示,程序默认的宽高比为 3,用户可以根据需要修改。需要输入第一层网格的厚度值。

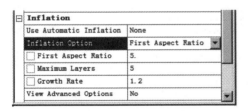

| ⊟ Inflation | |
|---|---|
| Use Automatic Inflation | None |
| Inflation Option | First Aspect Ratio ▼ |
| ☐ First Aspect Ratio | 5. |
| ☐ Maximum Layers | 5 |
| ☐ Growth Rate | 1.2 |
| View Advanced Options | No |

图 3-32  First Aspect Ratio 的参数设置

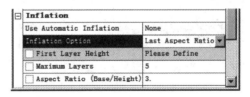

| ⊟ Inflation | |
|---|---|
| Use Automatic Inflation | None |
| **Inflation Option** | **Last Aspect Ratio** ▼ |
| ☐ First Layer Height | Please Define |
| ☐ Maximum Layers | 5 |
| ☐ Aspect Ratio (Base/Height) | 3. |

图 3-33  Last Aspect Ratio 的参数设置

3) Transition Ratio(过渡比)

对于物理场 CFD,当选择求解器为 CFX 时,过渡比的默认值为 0.77;对于其他物理场(包括 Solver Preference 设置为 Fluent 的 CFD),过渡比的默认值为 0.272。这是因为 Fluent 求解器是以单元为中心的,其网格单元等于求解器单元,而 CFX 求解器是以顶点为中心的,求解器单元是由双重节点网格构造的,因此会产生不同的处理。用户可以根据需要修改此值。

4) Maximum Layers(最大层数)

程序默认的最大层数为 5,用户可以根据需要修改。

5) Growth Rate(增长率)

程序默认增长率为 1.2,表示相邻两层网格内层与外层的比例,用户根据需要可以修改此值。

6) Inflation Algorithm(膨胀算法)

Inflation Algorithm 包括 Pre(前处理)、Post(后处理)两种算法,如图 3-34 所示,各选项的使用方法如下。

Pre(前处理):基于 TGrid 算法,该算法是所有物理模型的默认设置,运算时首先进行表面网格膨胀,然后生成体网格。前处理可以应用于扫掠和 2D 网格划分,但不支持邻近面设置不同的层数。

Post(后处理):基于 ICEM CFD 算法,该算法是使用一种在四面体网格生成后作用的处理技术,只对 Patching Conforming 和 Patch Independent 四面体网格有效。

7) View Advanced Options(显示高级选项)

View Advanced Options 有两个选项,Yes 或者 No,当选 Yes 时,膨胀层会增加图 3-35 所示的选项。

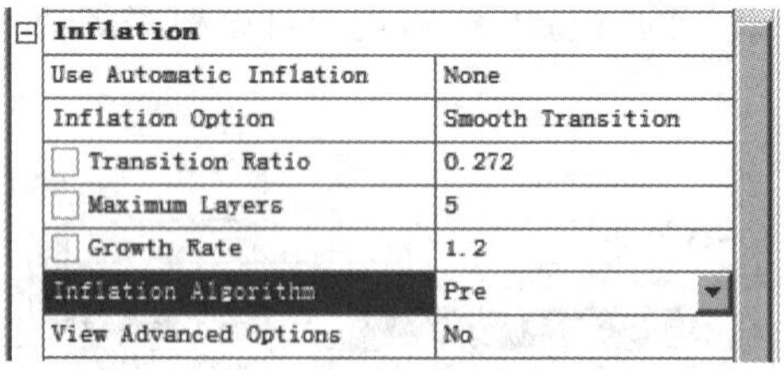

图 3-34　Inflation Algorithm(膨胀算法)设置

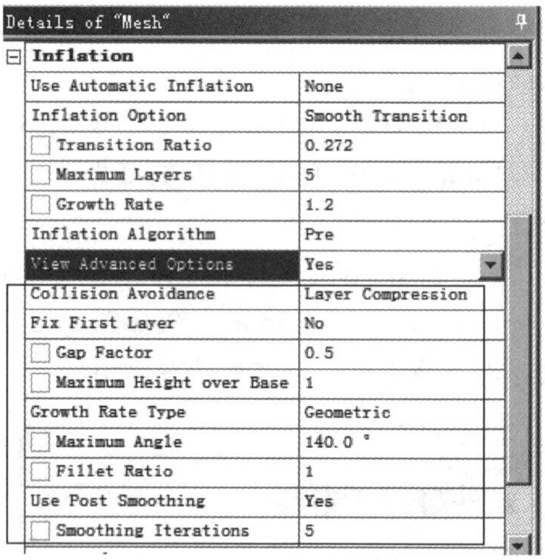

图 3-35　View Advanced Options 设置

## 3.1.6　网格 Patch Conforming 选项

Meshing 网格设置可以在 Mesh 下操作,右击模型树中的 Mesh 图标,在弹出的快捷菜单中选择 Insert Method 命令则打开 Details of "Automatic Method"-Method 设置面板,如图 3-36 所示。选择要划分网格的几何模型后,在 Method 选项中选择第二项四面体网格划分方法就出现 Patch Conforming(补片协调算法)选项,如图 3-37 所示。Patch Conforming 的设置选项需要在高级选项中的 Triangle Surface Mesher(三角形曲面划分器)中设置。如图 3-38 所示,系

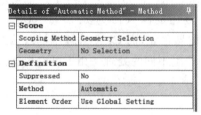

图 3-36　Details of "Automatic Method"-
Method 设置面板

统提供 Program Controlled 和 Advancing Front 两个选项。

| Details of "Patch Conforming Method" - ... ᄆ | |
|---|---|
| **Scope** | |
| Scoping Method | Geometry Selection |
| Geometry | 1 Body |
| **Definition** | |
| Suppressed | No |
| Method | Tetrahedrons |
| Algorithm | Patch Conforming |
| Element Order | Use Global Setting |

图 3-37　打开 Patch Conforming 选项

| **Advanced** | |
|---|---|
| Number of CPUs for Para... | Program Controlled |
| Straight Sided Elements | No |
| Number of Retries | Default (4) |
| Rigid Body Behavior | Dimensionally Reduced |
| Triangle Surface Mesher | Program Controlled ▼ |
| Topology Checking | Program Controlled |
| Pinch Tolerance | Advancing Front |
| Generate Pinch on Refresh | Please Define |
| | No |

图 3-38　Patch Conforming 的设置选项

## 3.1.7　网格高级选项

Meshing 网格设置可以在 Mesh 下操作,单击模型树中的 ⊛ Mesh 图标,则打开 Details of "Mesh"参数设置面板,面板中的 Advanced 选项用来进行网格高级选项设置,高级选项面板如图 3-39 所示。Advanced 设置选项主要有以下几个。

（1）Number of CPUs for Parallel Part Meshing(为网格划分设置多核计算):默认是单核计算,固定限制是每个核 2GB 的内存限制。核数可以设置 0~256,根据用户电脑 CPU 的核数设置。只能在 64 位的 Windows 平台使用。核数越多,划分网格所用时间越短,尤其适用于大型网格的划分。

| **Advanced** | |
|---|---|
| Number of CPUs for Para... | Program Controlled |
| Straight Sided Elements | No |
| Number of Retries | Default (4) |
| Rigid Body Behavior | Dimensionally Reduced |
| Triangle Surface Mesher | Program Controlled |
| Topology Checking | Yes |
| Pinch Tolerance | Please Define |
| Generate Pinch on Refresh | No |

图 3-39　Advanced 网格高级选项设置

（2）Straight Sided Elements(直边单元):
当模型存在实体或存在由 Design Modeler 得到的场体时显示。电磁场分析时必须使用。对于流体网格,不能修改此设置。

（3）Number of Retries(重试次数):设置网格划分失败时重新划分的次数。

（4）Rigid Body Behavior(刚体行为):Dimensionally Reduced 为默认选项,将仅生成表面网格;如选择 Full Mesh,将生成所有网格。

（5）Triangle Surface Mesher(三角形曲面划分器):在网格 Patch Conforming 选项中有说明。

（6）Topology Checking(拓扑检查):对划分的网格几何形状关系进行检查。

## 3.1.8　网格损伤设置

Meshing 网格损伤设置在 Details of "Mesh"参数设置面板中的 Advanced 选项中进行,高级选项面板如图 3-39 所示。Advanced 高级选项的最后两项用来进行相应网格损伤设置,分别是:

（1）Pinch Tolerance(收缩容差):网格生成时会产生缺陷,收缩容差定义了收缩控制,用户自己定义网格收缩容差控制值,收缩只能对顶点和边起作用,对面和体不能收缩。

（2）Generate Pinch on Refresh(刷新时产生收缩):有 Yes 和 No 两个选项,默认值是

Yes,这两个参数用来控制 Pinch 功能。Pinch 功能主要是控制边角网格的生成。如果程序自动识别到边角或者手动设置边角为 Pinch,就会对边角处的损伤进行相应处理,以满足工程要求。

### 3.1.9　网格评估系统

完成网格相关设置后,需要对划分的网格质量进行检查,只有保证网格质量满足分析要求,才能够进行后续的求解设置。Meshing 网格评估系统包括很多项目,这些项目全部在 Details of "Mesh"参数设置面板中的 Quality 选项中的 Mesh Metric 列表中进行设置,如图 3-40 所示。Mesh Metric 列表主要有以下几项:

(1) Element Quality(单元质量):单元质量是一个复合的质量指标,是基于一个给定单元的体积与单元边长之间的比率。其值处于 0 和 1 之间,0 为最差,1 为最好。

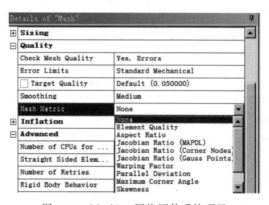

图 3-40　Meshing 网格评估系统项目

(2) Aspect Ratio(宽高比):对于三角形,连接一个顶点与对边的中点成一条线,再连接另两边的中点成一条线,最后以这两条线的交点为中点构建两个矩形。之后再由另外两个顶点构建四个矩形。这六个矩形中的最长边与最短边的比率再除以 $\sqrt{3}$,最好的值为 1。值越大单元越差。对四边形而言,通过四个中点构建两个四边形,Aspect Ratio 就是最长边与最短边的比率。同样,最好的值为 1。值越大单元越差。

(3) Jacobian Ratio(雅克比比率):在单元的一些特定点上计算出雅可比矩阵行列式。其值就是最大值与最小值的比率,1 为最好,值越大就说明单元越扭曲。如果最大值与最小值正负号不同,则直接赋值−100。小于等于 40 是可以接受的。

(4) Warping Factor(翘曲度):主要用于检查四边形壳单元,以及实体单元的四边形面。其值基于单元与其投影间的高差。值为 0 说明单元位于一个平面上,值越大说明单元翘曲越严重。

(5) Parallel Deviation(平行偏差):在一个四边形中,由两条对边的向量的点积,通过 acos 得到一个角度,取两个角度中的大值。0 为最好,警告值为 70。

(6) Maximun Corner Angle(最大顶角):最大角度。对三角形而言,60°最好,为等边三角形。对四边形而言,90°最好,为矩形。

(7) Skewness(倾斜度):是最基本的网格质量检查项,有两种计算法,Equilateral-Volume-Based Skewness 和 Normalized Equiangular Skewness。其值位于 0 和 1 之间,0

最好,1最差。在选定检查项后,我们还可以查看这一项的最差单元。

# 3.2 HyperMesh 网格划分与 Workbench 平台的对接

## 3.2.1 HyperMesh 网格划分简介

### 1. HyperMesh 用户界面

在 Windows 操作系统中打开 HyperMesh 软件的方法:选择"开始"→"所有程序"→Altair Hyperworks→Altair HyperMesh 命令。

HyperMesh 工作界面包括若干区域,具体如图 3-41 所示。

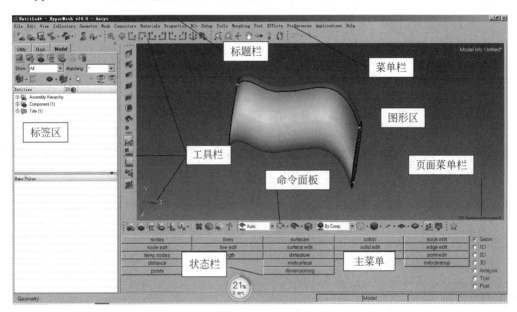

图 3-41　HyperMesh 工作界面

(1) 标题栏(Title Bar):标题栏位于界面顶部,其内容包括 HyperMesh 版本信息与当前文件名。

(2) 菜单栏(Menu Bar):菜单栏位于标题栏下部,与很多应用程序用户界面一样,单击下拉菜单弹出下一级菜单选项,由此可以进入 HyperMesh 不同的功能模块。

(3) 工具栏(Toolbars):工具栏位于图形区周围,它包含常用功能的快捷键,如改变显示选项等。用户可以将其拖动,放置到图形区的顶部或侧边。

(4) 标签区(Tab Area):标签区提供了多种专业工具。有 Utility、Mask、Model 三个默认工具标签。

(5) 图形区(Graphics Area):图形区域位于标题栏下,用于模型显示。在图形区可实现模型的实时交互显示控制,也可进行对象的选择。

(6) 主菜单(Main Menu):主菜单显示了该页面菜单下的所有可用功能,用户可以通过单击按钮实现所需功能。

(7) 页面菜单栏(Main Menu Pages):主页面菜单将主菜单按功能分为 7 组子页菜单,

每次只能显示一个主菜单页面。

（8）状态栏(Status Bar)：状态栏位于屏幕下方。左端显示的是用户当前所打开的主菜单，默认情况下为 Geometry。右端的 3 个区域分别显示当前调用的库文件、组件集和载荷集，默认情况下 3 个区域为空白。在用户使用 HyperMesh 软件过程中，任何警告和错误信息都会在状态栏中显示。警告信息以绿色标识显示，错误信息以红色标识显示。

**提示**：鼠标指针悬置于某个面板上时，状态栏会显示对该面板的描述。

**2. 基本操作**

HyperMesh 中，所有操作和命令都可以通过单击命令面板中的按钮实现，而通过键盘与鼠标的组合可以方便地实现一些基本操作，熟练掌握以下介绍的这些操作可以在工作中节省很多时间。

1）鼠标操作及功能

鼠标操作及功能如表 3-1 所示。

表 3-1　鼠标操作及功能

| 鼠标操作 | 功　　能 |
|---|---|
| 左键 | 执行选择操作 |
| 右键 | 在图形区中取消选择实体，中止图形操作 |
| 中键 | 在旋转和弧动态运动模式中，拾取模型中的一个点作为新的旋转中心 |
| Ctrl＋左键 | 动态旋转模型 |
| Ctrl＋右键 | 平移模型 |
| Ctrl＋中键（滚轮） | 放大或缩小模型 |
| 设置旋转中心 | 按住 Ctrl 键，单击需要设置为旋转中心的点 |

2）键盘快捷键

键盘的快捷键如表 3-2 所示。

表 3-2　键盘的快捷键

| 名　　称 | F1 | F2 | F3 | F4 | F5 | F6 | F7 | F8 | F9 | F10 | F11 | F12 |
|---|---|---|---|---|---|---|---|---|---|---|---|---|
| 作用 | 隐藏线 | 删除 | 替代 | 测量 | 隐藏 | 编辑单元 | 靠齐 | 创建点 | 线的编辑 | 检查质量 | collectors | AutoMesh |
| Shift＋该键的作用 | 颜色 | 删点 | 找边界 | 移动 | 查找 | 切割单元 | 投影 | 编辑点 | 编辑面 | 调法线 | 移动 | 平滑单元 |

用快捷键打开的命令在转变模型视图的时候会自动退出，有时我们需要在一个命令完成前变换视图方式，这时就需要在命令面板中通过单击命令按钮来打开命令，而不能用快捷键打开。例如在用 AutoMesh 命令时，我们有时需要通过 0-D 与 3-D 转换来方便对所 Mesh 面的选取。这时如果我们用快捷键 F12 打开 AutoMesh 命令，在 3-D 选取面后转换 0-D 时命令就会自动退出，这样我们刚才选取面的工作就白做了。而通过单击命令按钮来打开的命令就不存在这种问题，并且我们可以在这个命令上面叠加一个快捷键打开的命令，而从面板打开的命令仍然可以保持原来的设置。也就是说，通过单击命令按钮来打开的命令只要不单击 return（退出），我们对这个命令做的设置（如方向点，选取的单元）都会保持不变。我

们也可以利用这个特性方便我们的工作,在稍后的调节单元质量章节我们就会用到这个特性。读者可以在工作中灵活地运用此特性。

3）页面菜单（Main Menu Pages）

主页面菜单将主菜单按功能分为7组子页菜单,每次只能显示一个主菜单页面,如图3-42所示。

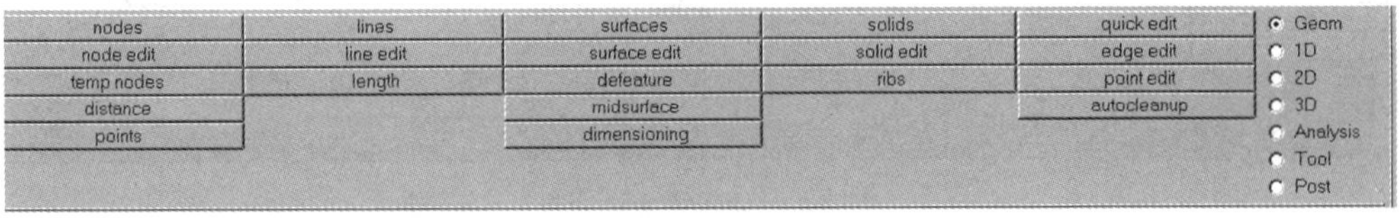

图 3-42　主页面菜单

Geom：几何模型创建和编辑工具。

1D：针对线单元的创建和编辑工具。

2D：针对面单元的创建和编辑工具。

3D：针对体单元的创建和编辑工具。

Analysis：分析问题的边界条件定义及任务提交工具。

Tool：多种模型编辑以及检查工具。

Post：后处理工具。

4）命令面板的主要命令

（1）Geom 的主要命令

Geom 的主要命令如图 3-43 所示。

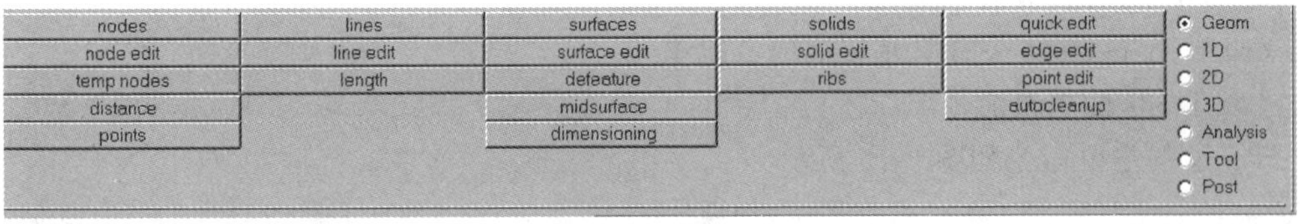

图 3-43　Geom 的主要命令

nodes：对节点的操作。

node edit：对节点的编辑。

temp nodes：增加或去掉临时节点。

distance：可以测量点和点距离,同时还可以改变距离,还可以测量角度,建立两点间的中点。

points：对几何模型相关点的操作。

lines：建立直线、曲线、中线。

line edit：对线的编辑,包括分割、合并、延长。

length：确定一组已选择的线的长度。

surface edit：对面的操作,可以切割一个面。

defeature：删除某些特征。

midsurface：建立中面。

dimensioning：确定一组已选面的尺寸。

（2）2D 的主要命令

2D 的主要命令如图 3-44 所示

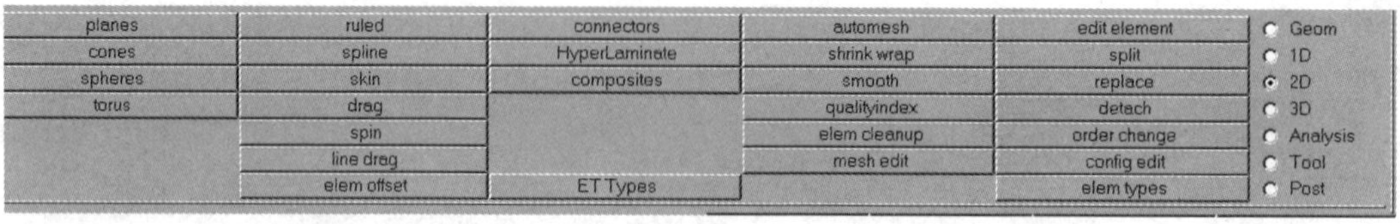

| planes | ruled | connectors | automesh | edit element | ○ Geom |
|---|---|---|---|---|---|
| cones | spline | HyperLaminate | shrink wrap | split | ○ 1D |
| spheres | skin | composites | smooth | replace | ● 2D |
| torus | drag | | qualityindex | detach | ○ 3D |
| | spin | | elem cleanup | order change | ○ Analysis |
| | line drag | | mesh edit | config edit | ○ Tool |
| | elem offset | ET Types | | elem types | ○ Post |

图 3-44　2D 的主要命令

ruled：用点对线，或者是点对点来生成 element 的方法。

spline：闭合的线进行 mesh。

skin：由两条线或多条线生成 element 的方法。

drag：沿着方向拉伸单元。

spin：做 washer。

line drag：沿着线 mesh。

elem offset：把单元放到中面。

automesh：自动划分网格。

smooth：平滑单元间的节点。

split：切割单元，主要用于切割固体单元，将四边形单元切割为三角形。

replace：两点合并为一点。

detach：分开合并在一起的单元。

order change：将一阶单元转换成二阶单元。

（3）Tools 的主要命令

Tools 的主要命令如图 3-45 所示。

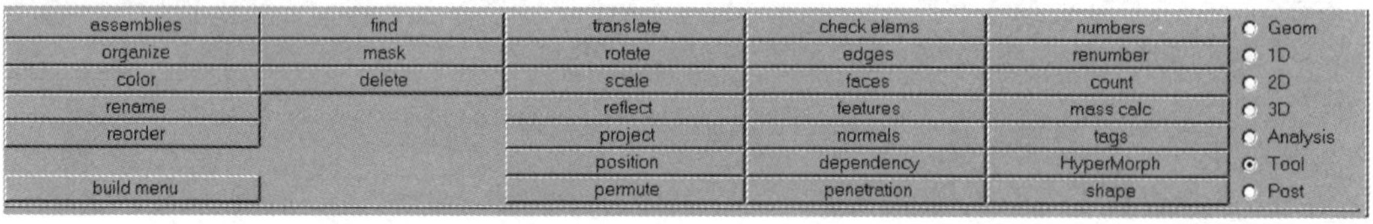

| assemblies | find | translate | check elems | numbers | ○ Geom |
|---|---|---|---|---|---|
| organize | mask | rotate | edges | renumber | ○ 1D |
| color | delete | scale | faces | count | ○ 2D |
| rename | | reflect | features | mass calc | ○ 3D |
| reorder | | project | normals | tags | ○ Analysis |
| | | position | dependency | HyperMorph | ● Tool |
| build menu | | permute | penetration | shape | ○ Post |

图 3-45　Tools 的主要命令

find：找到单元。

mask：隐藏。

delete：删除。

translate：移动点，移动单元。

rotate：旋转点，旋转单元。

scale：缩放。

reflect：反射单元。

project：投影。

position：位置不同的点对点的转移单元。

check elems：检查单元。

edges：检查边界。

faces：检查固体单元边界。

normals：调整单元的法线方向。

renumber：重新计算单元的信息。

count：统计单元的信息。

5）操作对象的选取

我们建模时，必然要选取操作对象，如点、单元、几何模型的表面等，可以用鼠标左键一个一个单击选取，但这样做费时费力。HyperMesh 为我们提供了多种更加方便的选取方式，灵活地运用这些选取方式，并配合我们后面介绍的一些命令，可以方便地完成很多工作。

打开任何一个命令，如 automesh，在标有 element 的黄色区域内单击，会出现一个复选框，这些都是选择单元的一些方法，我们称之为选择菜单，如图 3-46 所示。

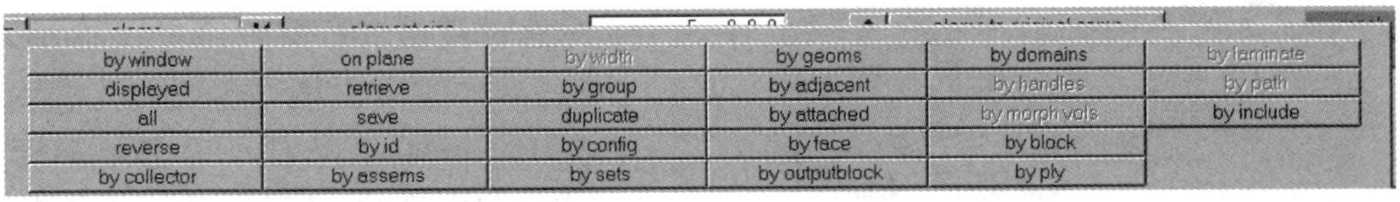

| by window | on plane | by width | by geoms | by domains | by laminate |
| displayed | retrieve | by group | by adjacent | by handles | by path |
| all | save | duplicate | by attached | by morph vols | by include |
| reverse | by id | by config | by face | by block | |
| by collector | by assems | by sets | by outputblock | by ply | |

图 3-46　选择菜单

by window：可以通过右击鼠标定义一个选择区域，在这个区域内的单元都会被选中。这里有一个小窍门，HyperMesh 可以记住上一次定义的框选区域，甚至是在不同的命令中，所以当我们要选择一个区域，但要以另一个层为参考时，可以打开参考层进行框选，而后用 disp 命令关掉参考层，再进行选择，这样就可以选中我们所需要层的单元而不选择参考层的单元。但要注意不要转动或移动模型的位置。by window 命令还有一个功能就是将选择好的对象去除，选好需要去除的对象区域后单击 reject entities 即可。

displayed：选择当前显示的所有单元。

all：选择模型中的所有单元。

reverse：在所有显示的单元中反选。

by collector：选择某一层中的所有单元。

on plane：选择某一平面内的所有单元。

retrieve：调出存储的单元。

save：存储选择好的单元。

by id：通过单元的 ID 号选择。

by assems：选择一个 assembly 中的单元。

by group：选择接触类型的单元。

duplicate：复制所选择的单元。

by config：通过单元类型选择单元。

by sets：选择某一 set 包含的单元。

by surface：选择某一面上的单元。

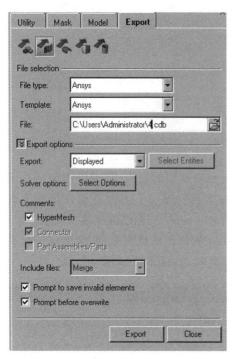

图 3-47　导出三维实体网格设置

by adjacent：选择指定单元周围的单元。

by attached：选择与指定单元相连的单元。

by face：选择与指定单元为同一面的单元。

### 3.2.2　HyperMesh 网格的导出

在 HyperMesh 中建立好网格文件后，通过输出有限元模型（EXPORT（输出）→export FE model），选择想要输出的网格格式，对应各种不同有限元软件有不同的格式。需要注意以下几点：

（1）在 HyperMesh 软件中对三维实体进行网格划分和生成 3D 实体网格，注意要删除 2D 网格。

（2）注意对模型进行材料定义及单元类型定义。

（3）在 HyperMesh 软件中用 Export 按钮导出三维实体网格，注意保存路径名应是全英文，如图 3-47 所示。

### 3.2.3　网格的导入

打开 Workbench 2020，把工具箱（Toolbox）中 Component Systems 分析模块中的 Finite Element Modeler 拖入工程项目管理窗口（Project Schematic）中。右击 Model 项，弹出如图 3-48 所示的快捷菜单，单击第三项 Add Input Mesh 从中选取刚才输出的文件即可。

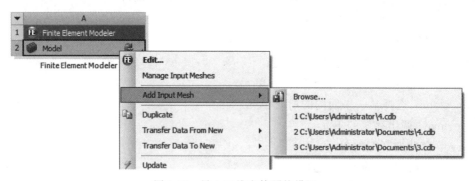

图 3-48　导入三维实体网格设置

## 3.3　本章小结

本章详细介绍了 Workbench 2020 平台的 Meshing 网格划分平台概述和 HyperMesh 网格划分与 Workbench 平台的对接方式，通过大量的实例对不同物理场的网格划分方法及操作过程进行详细讲解,使读者了解 Meshing 平台常用的网格划分各个命令的使用方法。在工程实际应用中,请读者结合实际网格划分部位的几何形状选取相应的网格划分方法,针对网格划分要求更高时,可以利用 HyperMesh 网格划分与 Workbench 平台的对接形式在 HyperMesh 环境中进行更专业的网格划分。

## 习题

1. Meshing 网格划分模块的特点有哪些? 请简要说明。
2. Meshing 中的网格划分法有哪些?
3. 全局网格尺寸设置主要包括哪几项?
4. 网格高级选项设置有哪些? 请简要说明。

# 4

## 后 处 理

　　有限元计算的最后一个关键步骤为数据的后处理,后处理使用者可以很方便地对结构的计算结果进行相关操作,用于实现之前仿真结果的可视化,用更加形象和具体的画面让用户实现对分析结果的评判和对比,以输出感兴趣的结果,如变形、应力、应变等。另外,对于一些高级用户,还可以通过简单的代码编写输出一些特殊的结果。本章将详细介绍 Workbench 2020 新版软件的后处理设置与操作方法。

## 4.1　案例分析

　　本节通过一个简单的案例讲解一下后处理的操作方法。

### 4.1.1　问题描述

　　某铝合金模型如图 4-1 所示,试用 Workbench 分析作用在侧面的压力为 15000N 时板的变形及应力分布。

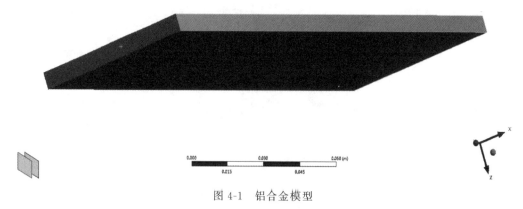

图 4-1　铝合金模型

### 4.1.2　启动 Workbench 并建立分析项目

　　(1) 在 Windows 系统中选择"开始"→"所有程序"→ANSYS 2020 R2→ Workbench 2020 R2 命令,启动 Workbench 2020,进入主界面,如图 4-2 所示。

（2）双击主界面 Toolbox（工具箱）中的 Analysis Systems→Static Structural（静态结构分析）选项，即可在 Project Schematic（项目管理区）创建分析项目 A，如图 4-3 所示。

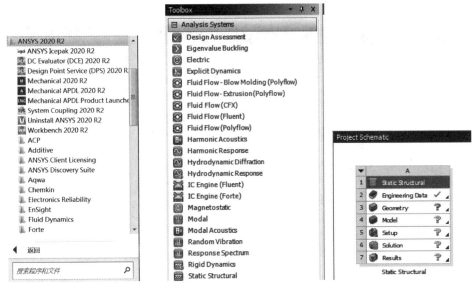

图 4-2　启动 Workbench 2020　　　　　图 4-3　创建分析项目 A

## 4.1.3　导入几何体

（1）在 A3 Geometry 上右击，在弹出的快捷菜单中选择 Import Geometry→Browse 命令，如图 4-4(a)所示，此时会弹出"打开"对话框。

（2）在弹出的"打开"对话框中选择文件路径，导入几何体文件，此时 A3 Geometry 后的 ❓ 变为 ✓，表示实体模型已经存在，如图 4-4(b)所示。

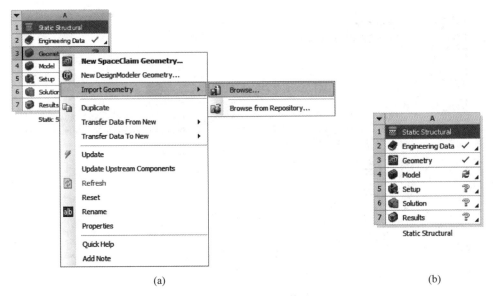

(a)　　　　　　　　　　　　　　　　　　　(b)

图 4-4　导入几何体

（3）双击项目 A 中的 A3 Geometry，此时会进入 DesignModeler 界面，如图 4-5 所示。单击 DesignModeler 界面右上角的 ▇✕ （关闭）按钮，退出 DesignModeler，返回到 Workbench 主界面。

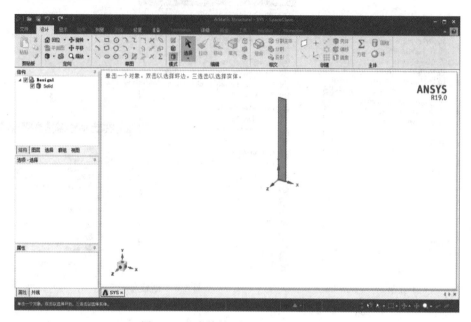

图 4-5　生成前的 DesignModeler 界面

## 4.1.4　添加材料库

（1）双击项目 A 中的 A2 Engineering Data 项，进入如图 4-6 所示的材料参数设置界面，在该界面中即可进行材料参数设置。

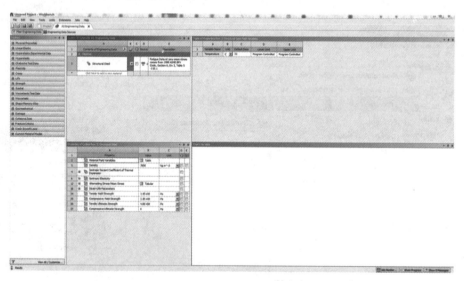

图 4-6　材料参数设置界面

（2）在界面的空白处右击，在弹出的快捷菜单中选择 Engineering Data Sources（工程数据源）命令，则 Engineering Data Sources 及 Outline of Favorites 出现在界面上，如图 4-7 所示。

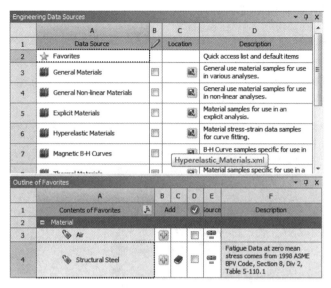

图 4-7　材料参数设置局部放大图

（3）在 Engineering Data Sources 表中选择 A3 栏 General Materials，然后单击 Outline of General Materials 表中 A4 栏 Aluminum Alloy（铝合金）后的 B4 栏的 （添加）符号，此时在 C4 栏中会显示 （使用中的）标识，如图 4-8 所示，标识材料添加成功。

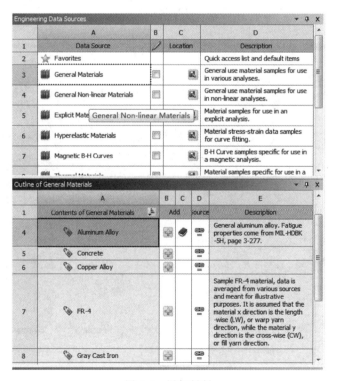

图 4-8　添加材料

（4）单击工具栏中的 ⌐Project⌐ 按钮，返回到 Workbench 主界面，材料库添加完毕。

### 4.1.5　添加模型材料属性

（1）双击主界面项目管理区项目 A 中的 A4 栏 Model 项，进入如图 4-9 所示的 Mechanical 界面。在该界面中即可进行网格的划分、分析设置、结果观察等操作。

（2）选择 Mechanical 界面左侧 Outlines（分析树）中 Geometry 选项下的 1，此时即可在 Details of "1"（参数列表）中给模型添加材料，如图 4-10 所示。

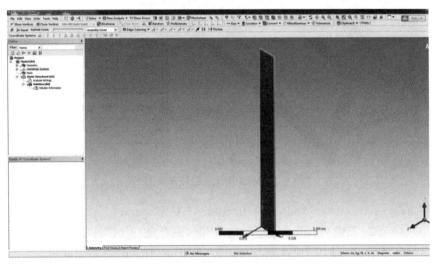

图 4-9　Mechanical 界面

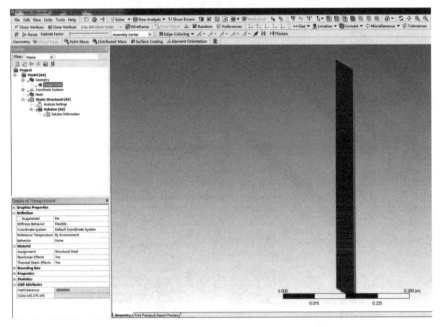

图 4-10　变更材料

（3）单击参数列表中 Material 下 Assignment 区域后的 ▸ 按钮，此时会出现刚刚设置的材料 Aluminum Alloy，如图 4-11 所示，选择该项即可将其添加到模型中去。

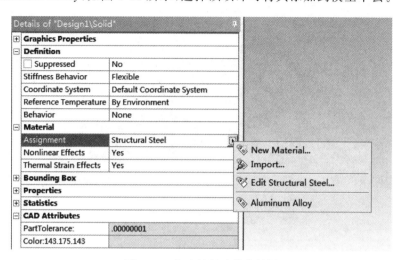

图 4-11  修改材料后的分析树

## 4.1.6  划分网格

（1）选择 Mechanical 界面左侧 Outline（分析树）中的 Mesh 选项，此时可在 Details of "Mesh"（参数列表）中修改网格参数。本例在 Sizing 的 Element Size 中设置为 2. e-004m，其余采用默认设置，如图 4-12 所示。

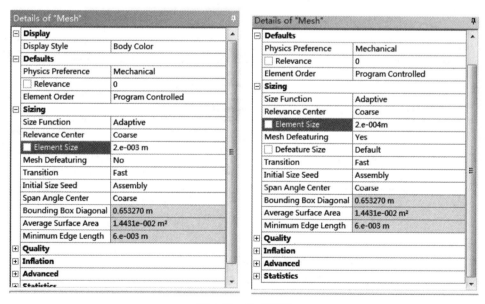

图 4-12  生成网格

（2）右击 Outlines（分析树）中的 Mesh 选项，在弹出的快捷菜单中选择 Generate Mesh 命令，最终的网格效果如图 4-13 所示。

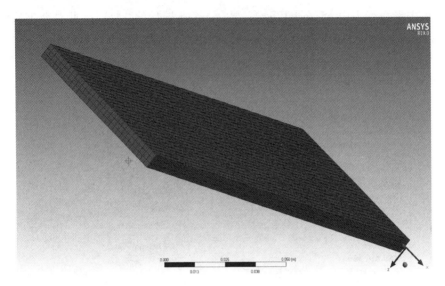

图 4-13　网格效果

## 4.1.7　施加载荷与约束

（1）选择 Mechanical 界面左侧 Outline 中的 Static Structural（A5）选项，如图 4-14所示。

（2）此时 Outline 上方会出现 Environment 工具栏，选择 Environment 工具栏的Supports(约束)→Fixed Support(固定约束)命令，此时在 Outline 中会出现 Fixed Support选项，如图 4-15 所示。

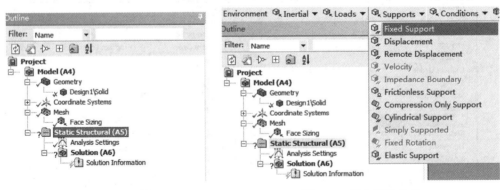

图 4-14　Outline 界面　　　　　　　　图 4-15　添加固定约束

（3）选中 Fixed Support，选择需要施加固定约束的面，单击 Details of "Fixed Support"（参数列表)中 Geometry 选项下的 ▨▨▨Apply▨▨▨ 按钮，即可在选中面上施加固定约束，如图 4-16 所示。

（4）同步骤(2)，选择 Environment 工具栏中的 Loads→Force 命令，如图 4-17 所示，此时在 Outline 中会出现 Force 选项。

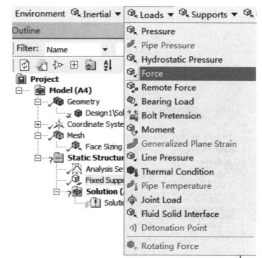

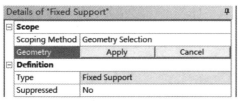

图 4-16 施加固定约束　　　　　　　　图 4-17 添加力

（5）选中 Force，在 Details of "Force"（参数列表）面板中进行如下设置及输入。

① 在 Geometry 选项下确保如图 4-18 所示的面被选中，单击 **Apply** 按钮，此时在 Geometry 栏中显示 1Face，表明一个面已经被选中。

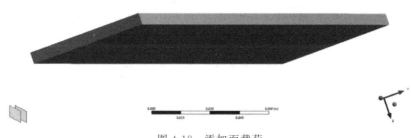

图 4-18 添加面载荷

② 在 Define By 栏中选择 Components。

③ 在 X Component 栏中输入 10000N，保持其他选项默认即可，如图 4-19 所示。

（6）右击 Outline 中的 Static Structural（A5）选项，在弹出的快捷菜单中选择 Solve（F5）命令，如图 4-20 所示。

### 4.1.8 结果后处理

（1）选择 Mechanical 界面左侧 Outline 中如图 4-21 所示的 Solution（A6）选项，此时 Outline 上方会出现 Solution 工具栏。

（2）选择 Solution 工具栏中的 Stress（应力）→Equivalent（von-Mises）命令，如图 4-22 所示，此时在 Outline 中会出现 Equivalent Stress（等效应力）选项。

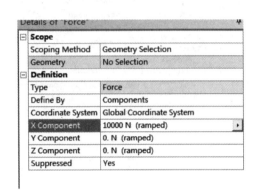

图 4-19　添加面载荷

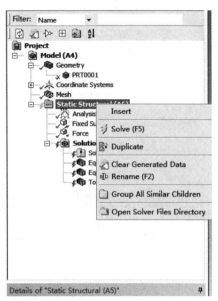

图 4-20　求解过程

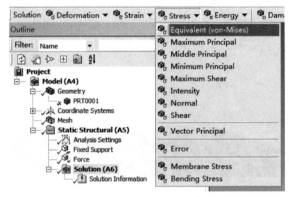

图 4-21　Solution 工具栏

　　(3) 同步骤(2)，选择 Solution 工具栏中的 Strain(应变)→Equivalent(von-Mises)命令，如图 4-23 所示，此时在 Outline 中会出现 Equivalent Elastic Strain(等效应变)选项。

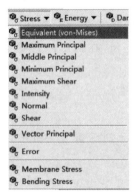

图 4-22　添加等效应力选项

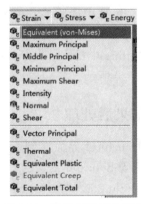

图 4-23　添加等效应变选项

（4）同步骤（2），选择 Solution 工具栏中的 Deformation（变形）→Total 命令，如图 4-24 所示，此时在 Outline 中会出现 Total Deformation（总变形）选项。

（5）右击 Outline 中的 Solution（A6）选项，在弹出的快捷菜单中选择 Evaluate All Results 命令，如图 4-25 所示。

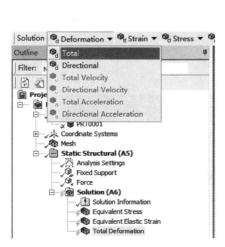

图 4-24　添加总变形选项

图 4-25　快捷菜单

（6）选择 Outline 中 Solution（A6）下的 Equivalent Stress 选项，此时会出现如图 4-26 所示的应力分析云图。

图 4-26　应力分析云图

（7）选择 Outline 中 Solution（A6）下的 Equivalent Elastic Strain 选项，此时会出现如图 4-27 所示的应变分析云图。

（8）选择 Outline 中 Solution（A6）下的 Total Deformation（总变形）选项，此时会出现如图 4-28 所示的总变形分析云图。

（9）选择工具栏中的 ▤▼ 下的 ▤ Smooth Contours 命令，如图 4-29 所示，此时分别显示应力、应变及总变形云图如图 4-30～图 4-32 所示。

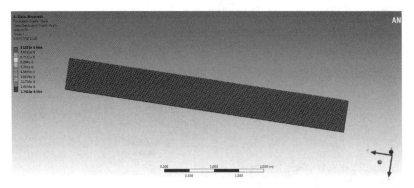

图 4-27　应变分析云图

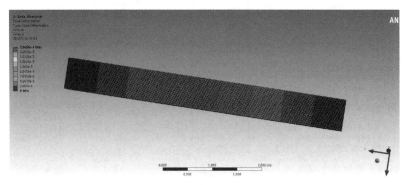

图 4-28　总变形分析云图

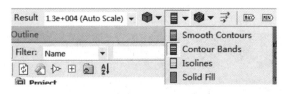

图 4-29　选择工具栏中的命令

图 4-30　应力分析云图

图 4-31 应变分析云图

图 4-32 总变形分析云图

（10）选择工具栏中的 ▦▾ 下的 ▤ **Isolines** 命令，如图 4-33 所示，此时分别显示应力、应变及总变形线图如图 4-34～图 4-36 所示。

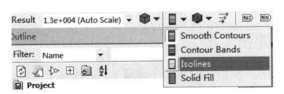

图 4-33 选择工具栏中的命令

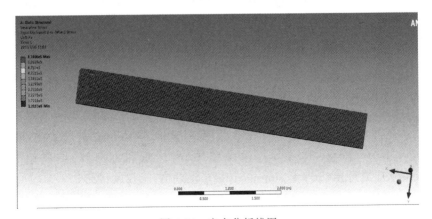

图 4-34 应力分析线图

图 4-35　应变分析线图

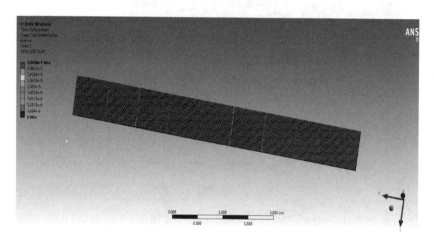

图 4-36　总变形线图

### 4.1.9　保存与退出

（1）单击 Mechanical 界面右上角的 ▨（关闭）按钮，退出 Mechanical，返回到 Workbench 主界面。

（2）在 Workbench 主界面中单击常用工具栏中的 ▨（保存）按钮，在"文件名"文本框中输入 Part，保存包含有分析结果的文件。

（3）单击右上角的 ▨（关闭）按钮，退出 Workbench 主界面，完成项目分析。

## 4.2　Workbench Mechanical 2020 后处理

Workbench 平台的后处理包括查看结果、变形显示、应力和应变、接触结果四部分，主要内容有结果显示（Scope Results）、输出结果、坐标系和方向解、结果组合（Solution Combinations）、应力奇异（Stress Singularities）、误差估计、收敛状况等。

## 4.2.1　查看结果

当选择一个结果选项时,工具框就会显示该结果所要表达的内容,如图 4-37 所示。

图 4-37　结果选项卡

缩放比例:对于结构分析(静态、模态、屈曲分析等),模型的变形情况将发生变化。默认状态下,为了使用户更清楚地看到结构的变化,比例系数自动被放大,同时用户可以改变为非变形或者实际变形情况,如图 4-38 所示设置变形因子。可使用默认变形因子或自己直接输入,如图 4-39 所示为结果云图。

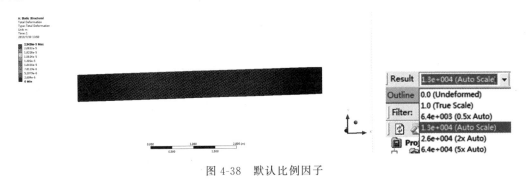

图 4-38　默认比例因子

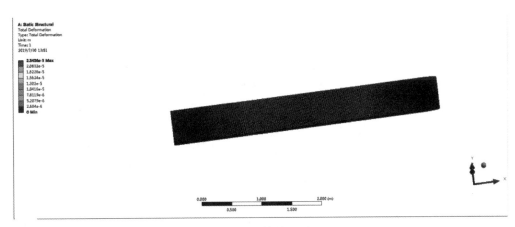

图 4-39　结果云图

显示方式:几何按钮控制云图显示方式,共有 4 种可供选择的方式。

(1) Exterior:这是默认的显示方式并且是最常使用的方式,如图 4-40 所示。

(2) IsoSurface:对于显示相同的值域是非常有用的,如图 4-41 所示。

(3) Capped IsoSurface:指删除了模型的一部分之后的显示结果,删除的部分是可变的,高于或者低于某个指定值的部分被删除,如图 4-42 和图 4-43 所示。

(4) Section Plane:可以实现对模型内部结果的查看和显示。

色条设置:Contour 按钮可以控制模型的显示云图方式。

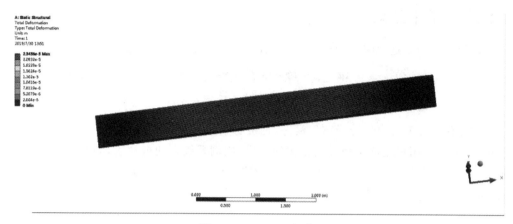

图 4-40　Exterior 方式

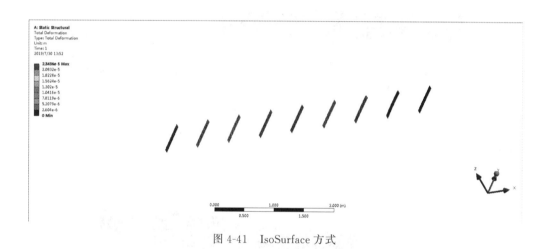

图 4-41　IsoSurface 方式

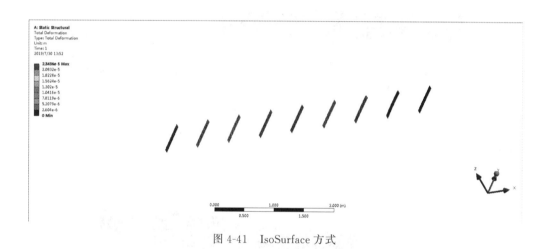

图 4-42　Capped IsoSurface 方式(一)

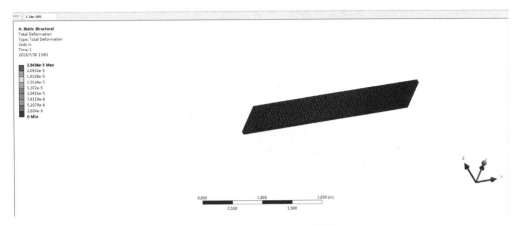

图 4-43　Capped IsoSurface 方式(二)

（1）Smooth Contour：光滑显示云图，颜色变化过度比较光滑，如图 4-44 所示。

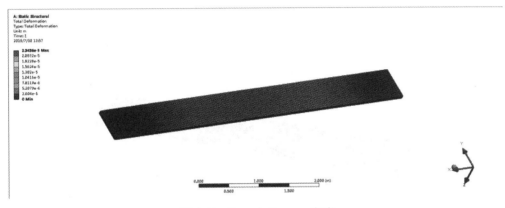

图 4-44　Smooth Contour 方式

（2）Contour Bands：云图显示有明显的色带区域，如图 4-45 所示。

图 4-45　Contour Bands 方式

（3）Isolines：以模型等值线方式显示，如图 4-46 所示。

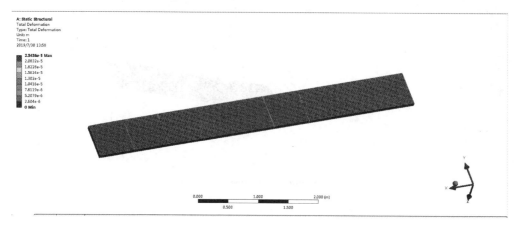

图 4-46　Isolines 方式

（4）Solid Fill：不在模型上显示云图，如图 4-47 所示。

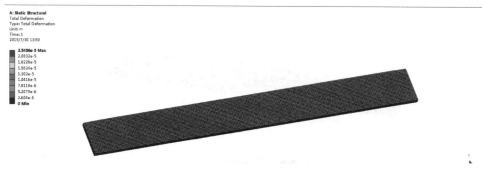

图 4-47　Solid Fill 方式

外形显示：Edge 按钮允许用户显示未变形的模型或者划分网格的模型。

（1）No WireFrame：不显示几何轮廓线，如图 4-48 所示。

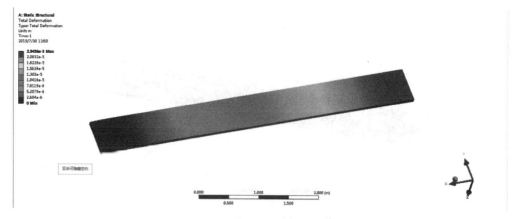

图 4-48　No WireFrame 方式

（2）Show Underformed WireFrame：显示未变形轮廓，如图 4-49 所示。

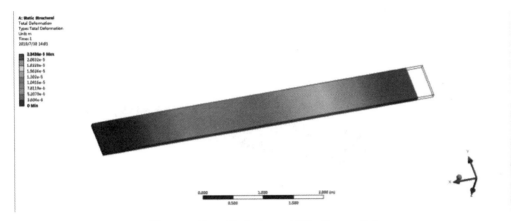

图 4-49　Show Underformed WireFrame 方式

（3）Show Underformed Model：显示未变形的模型，如图 4-50 所示。

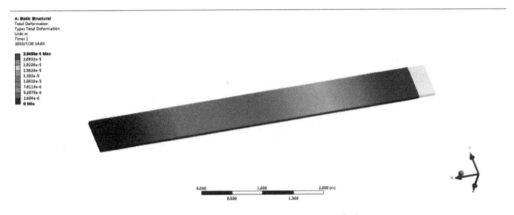

图 4-50　Show Underformed Model 方式

（4）Show Element：显示单元，如图 4-51 所示。

图 4-51　Show Element 方式

最大值、最小值与刺探工具：单击相应按钮，在图形中将显示最大值、最小值和刺探位置的数值，如图 4-52 所示。

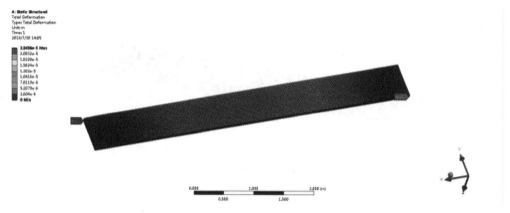

图 4-52　显示最大值、最小值和刺探位置的数值

## 4.2.2　变形显示

在 Workbench Mechanical 的计算结果中，可以显示模型的变形量，主要包括 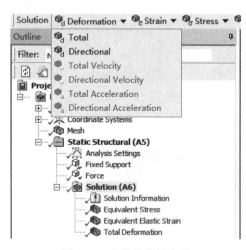 **Total** 及 **Directional**，如图 4-53 所示。

（1）**Total**（整体变形）：整体变形是一个标量，它由下式决定。

$$U_{\text{total}} = \sqrt{U_X^2 + U_Y^2 + U_Z^2} \tag{4-1}$$

（2）**Directional**（方向变形）：包括 $X$、$Y$ 和 $Z$ 方向上的变形，它们是在 Directional Deformation 中指定的，并显示在整体或局部坐标系中，如图 4-54 所示。

图 4-53　变形量分析选项

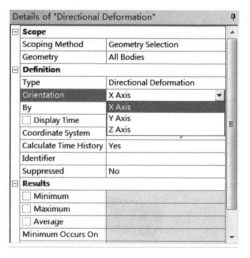

图 4-54　变形矢量形式

### 4.2.3 应力和应变

在 Workbench Mechanical 有限元分析中给出的应力 **Stress ▼** 和应变 **Strain ▼** 如图 4-55 及图 4-56 所示,这里 Strain 实际上指的是弹性应变。

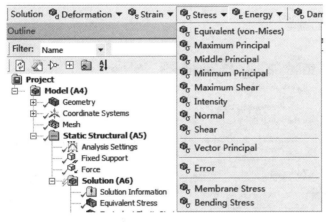

图 4-55 Stress 菜单

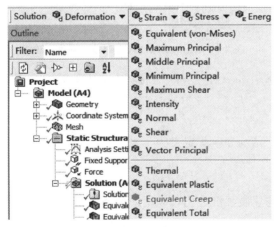

图 4-56 Strain 菜单

在分析结果中,应力和应变有 6 个分量(x,y,z,xy,yz,xz),热应变有三个分量(x,y,z)。对应力和应变而言其分量可以在 Normal(x,y,z)和 Shear(xy,yz,xz)下指定,而热应变是在 Thermal 中指定的。

由于应力为一张量,因此单从应力分量上很难判断出系统的响应。在 Mechanical 中可以利用安全系数对系统响应做出判断,它主要取决于所采用的强度理论。不同安全系数的应力工具,都可以绘制出相应的安全边界及应力比。

应力工具(Stress Tool)可以利用 Mechanical 的计算结果,操作时在 Stress Tool 下选择合适的强度理论即可,如图 4-57 所示。

最大等效应力理论及最大剪切应力理论适用于塑性材料(ductile),Mohr-Coulomb 应力理论及最大拉应力理论适用于脆性材料(brittle)。

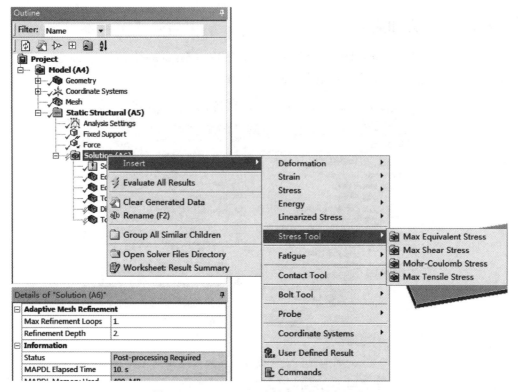

图 4-57　Stress Tool 选择合适的强度理论

其中等效应力  **Max Equivalent Stress** 为材料力学中的第四强度理论,定义为

$$\sigma_{e} = \sqrt{\frac{1}{2}\left[(\sigma_{1}-\sigma_{2})^{2}+(\sigma_{2}-\sigma_{3})^{2}+(\sigma_{3}-\sigma_{1})^{2}\right]} \tag{4-2}$$

最大剪应力 **Max Shear Stress** 定义为

$$\tau_{max} = \frac{1}{2}(\sigma_{1}-\sigma_{3}) \tag{4-3}$$

对于塑性材料,$\tau$ 与屈服强度之比可以用来预测屈服极限。

### 4.2.4　接触结果

在 Workbench Mechanical 中选择 Solution 工具栏 Tools 下的 Contact Tool(接触工具),如图 4-58 所示,可以得到接触分析结果。

利用接触工具下的接触分析可以求解相应的接触分析结果,包括摩擦应力、接触压力、滑动距离等计算结果,如图 4-59 所示。为 Contact Tool 选择接触域有以下两种方法。

(1) Worksheet view(details):从表单中选择接触域,包括接触面、目标面或同时选择两者。

(2) Geometry:在图形窗口中选择接触域。

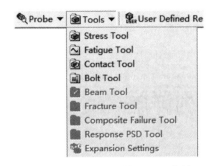

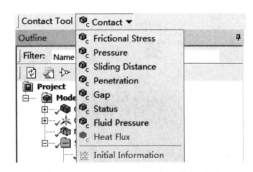

图 4-58　接触分析结果设置菜单　　　　图 4-59　Contact Tool 选择接触方法

## 4.3　本章小结

本章以有限元分析的一般过程为总线,分别介绍了 Workbench 2020 后处理模块的选项卡中各种结果的意义和后处理工具命令的使用方法。另外,通过应用实例讲解了在 Workbench 2020 平台中后处理常用的各选项以及常用工具命令的使用方法。

## 习题

1. 分析一个高压零件的应力和应变。
2. 简述 Workbench 2020 后处理的过程。

# 5

# 结构静力学分析案例详解

在实际工程应用中,静力学分析是最基础且应用最广泛的一类分析,可用于模拟各类弹性材料静态加载的情况。为了在设计阶段研究零件在静载荷作用下的应力应变关系,可以通过有限元分析对零件进行静力学分析。本章主要介绍 Workbench 2020 的静力学分析方法以及相关案例。

## 5.1　静力学分析简介

静力学分析就是在结构承受静载荷的情况下,忽略惯性与阻尼,对整体结构的变形、应力、应变分布进行研究分析,探究结构体变形量与载荷之间的数学关系,为后续设计作业提供指导。

Workbench 2020 的静力学分析模块是 Static Structural,模块窗口如图 5-1 所示,它能够完成几乎所有的静力学分析任务。本章将通过具体的实例详细介绍如何利用该模块进行各类型问题的静力学求解,使读者能够快速掌握该模块的功能。

图 5-1　Static Structural 模块窗口

## 5.2  弹性车轮静力学疲劳分析

本节主要介绍 Workbench 2020 的静力学分析模块 Static Structure,计算弹性车轮在外加载荷下的应力、应变。

### 5.2.1  问题描述

如图 5-2 所示为弹性车轮的模型,当其受到一定载荷时,对其进行静力学分析。

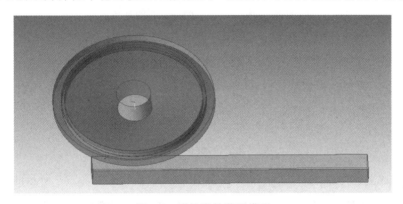

图 5-2  弹性车轮装置模型

### 5.2.2  模型网格划分

本案例利用 Workbench 进行模型网格的划分,首先将模型导入 Workbench 中,使用自动划分命令对所导入的模型划分网格。划分完成的网格模型如图 5-3 所示。

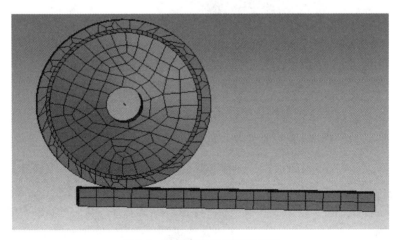

图 5-3  弹性车轮装置网格模型

### 5.2.3　网格模型的导入

（1）启动 Workbench 之后，在 Toolbox 中选择 Analysis Systems，在其中选择 Geometry 后右击，弹出快捷菜单，单击 Browser 命令，选择相应的文件，将已经划分好网格的模型导入 Model。之后在 Analysis Systems 组件中选择 Static Structural 并拖拽到右侧的 Project Schematic 里面，最后拖拽 Geometry 中的 Model 与 Static Structural 中的 Model 相连接，如图 5-4 所示。

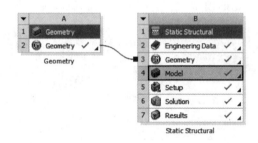

图 5-4　模块创建

（2）在完成上述操作之后，双击模块 B 中的 Model，会得到如图 5-5 所示的模型。

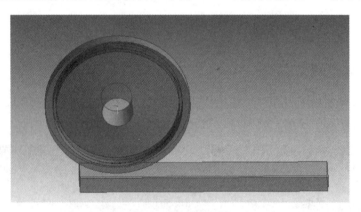

图 5-5　模型导入图

（3）在显示导入的实体模型之后，在 Outline 目录下单击 Project 中的 Mesh，则会显示如图 5-6 所示的模型网格图，证明模型导入成功。

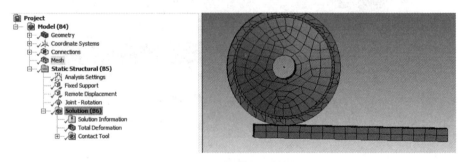

图 5-6　导入模型网格图

### 5.2.4 添加材料库

（1）双击项目 B 中 B2 栏的 Engineering Data，进入如图 5-7 所示的材料参数设置界面，在该界面中即可进行材料参数的设置。

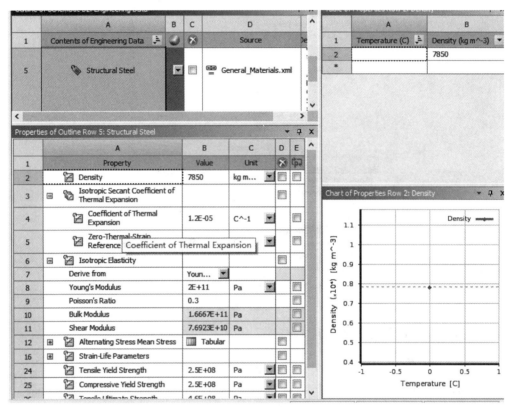

图 5-7 材料参数设置界面

（2）如图 5-7 所示，设置完材料参数之后，关闭材料参数设置界面。

### 5.2.5 添加模型材料属性

在 Engineering Data 中设置完成材料属性之后，需要为模型选择相应的材料属性。主要步骤如下：

（1）双击主界面项目管理区项目 B 中 B3 栏的 Model，进入如图 5-8 所示的 Mechanical 界面，在该界面中可以进行分析设置、结果观察等操作。

（2）选择 Mechanical 界面左侧 Outline 中 Geometry 选项下的 40lun-1，此时可以在 Details of Solid 选项框中的 Assignment 中

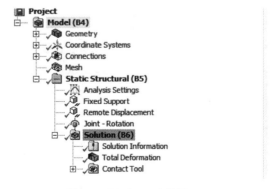

图 5-8 Mechanical 界面

选择模型的材料属性,这里选择 Structural Steel,如图 5-9 所示。

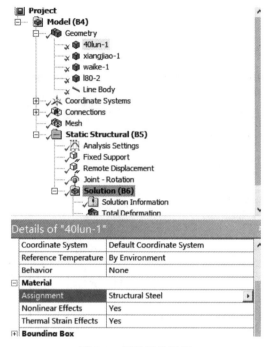

图 5-9　材料属性设置

## 5.2.6　施加约束与载荷

(1) 选择 Mechanical 界面左侧 Outline 中的 Static Structural(B4)命令,此时会出现如图 5-10 所示的 Environment 工具栏。

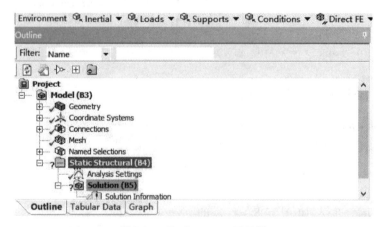

图 5-10　Environment 工具栏

(2) 选择 Environment 工具栏中的 Supports(约束)→Fixed Support(固定约束)命令,出现如图 5-11 所示的 Fixed Support 选项。

(3) 选中 Fixed Support 选项,选择需要施加固定约束的面,单击 Details of Static Structural(B5)中 Geometry 选项下的 Apply 按钮,即可在选中面上施加固定约束,如图 5-12 所示在底面施加固定约束。

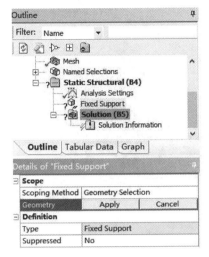

图 5-11　Fixed Support 选项

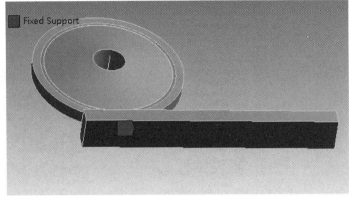

图 5-12　施加固定约束

（4）同步骤（2），选择 Environment 工具栏中的 Support（约束）→Remote Displacement（远程点约束）命令，选择轮子内圈轴线上两点作为施加点，此时在 Outline 中会出现 Remote Displacement 选项，在 Y 方向施加图表控制位移，如图 5-13 与图 5-14 所示。

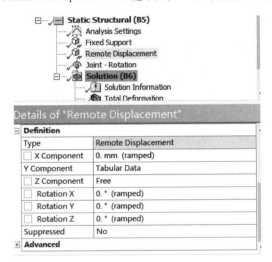

图 5-13　Remote Displacement 选项

| | Steps | Time [s] | ☑ X [mm] | ☑ Y [mm] | ☑ RX [°] |
|---|---|---|---|---|---|
| 1 | 1 | 0. | 0. | 0. | 0. |
| 2 | 1 | 1. | 0. | -1. | 0. |

图 5-14　位移参数表示意图

（5）右击 Outline 中的 Static Structural（B5）选项，在弹出的快捷菜单中选择 Solve 命令，结果如图 5-15 所示。

## 5.2.7　结果后处理

（1）选择 Mechanical 界面左侧 Outline 中的 Solution（B6），此时会出现如图 5-16 所示的 Solution 工具栏。

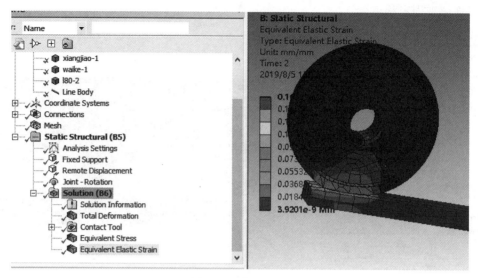

图 5-15　求解结果

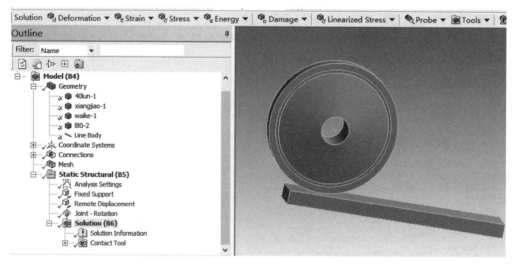

图 5-16　Solution 工具栏

（2）选择 Solution 工具栏中的 Stress（应力）→Equivalent（von-Mises）命令，此时在 Outline 中出现 Equivalent Stress（等效应力）选项，如图 5-17 所示。

（3）同步骤（2），选择 Solution 工具栏中的 Strain（应变）→Equivalent（von-Mises）命令，此时在 Outline 中出现 Equivalent Elastic Strain（等效应变）选项，如图 5-18 所示。

（4）同步骤（2），选择 Solution 工具栏中的 Deformation（变形）→Total 命令，此时在 Outline 中出现 Total Deformation（总变形）选项，如图 5-19 所示。

（5）右击 Outline 中的 Solution（B5），在弹出的快捷菜单中选择 Equivalent All Results 命令，此时会弹出进度显示条，计算完成后会自动消失，其选项前的闪电符号会变为对号 "√"，如图 5-20 所示。

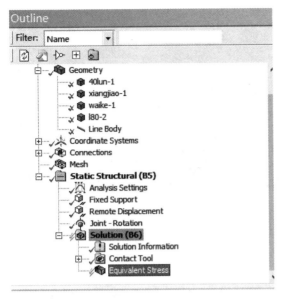

图 5-17　添加等效应力

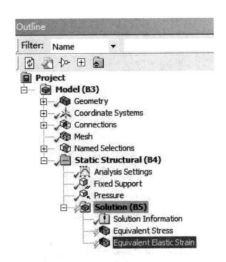

图 5-18　添加等效应变

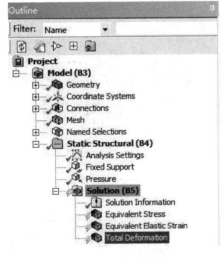

图 5-19　添加总变形

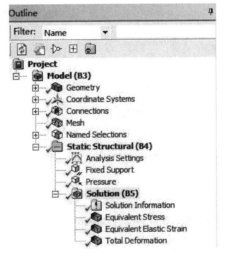

图 5-20　求解完成

（6）单击 Outline 中 Solution(B5)下的 Equivalent Stress 选项，会出现如图 5-21 所示的应力分析云图。

（7）单击 Outline 中 Solution(B5)下的 Equivalent Elastic Strain 选项，会出现如图 5-22 所示的应变分析云图。

（8）单击 Outline 中 Solution(B5)下的 Total Deformation 选项，会出现如图 5-23 所示的总变形分析云图。

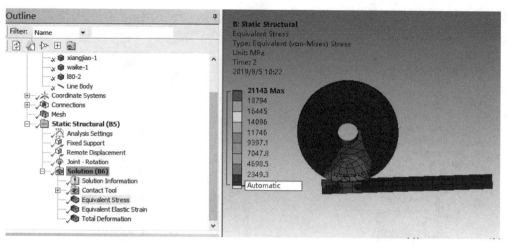

图 5-21　应力分析云图

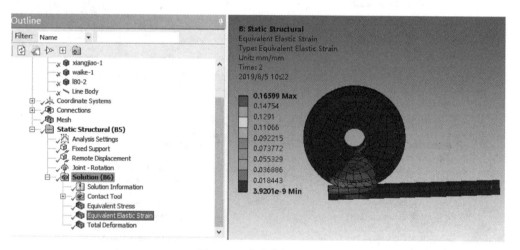

图 5-22　应变分析云图

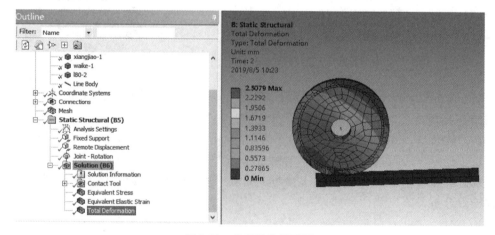

图 5-23　总变形分析云图

### 5.2.8　保存与退出

（1）单击 Mechanical 界面右上角的 × 按钮，退出 Mechanical 界面并返回到主界面。

（2）在主界面的工具栏中单击 File，在下拉菜单中选择 Save as（另存为），保存文件。

（3）单击主界面右上角的关闭按钮，关闭主界面，完成分析。

## 5.3　某型号风源装置静力学分析

本节主要介绍 Workbench 2020 的静力学分析模块的分析功能，计算某型号风源装置在外加载荷下结构的变形特性及应力应变关系。

### 5.3.1　问题描述

如图 5-24 所示为某型号风源装置的模型，当其受到一定载荷时，对其进行静力学分析。

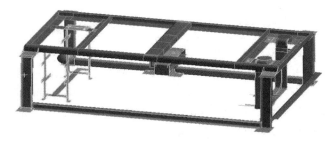

图 5-24　风源装置模型

### 5.3.2　模型网格划分

在本书中利用 HyperMesh 进行模型网格的划分，首先将模型导入 HyperMesh 中，对其进行几何清理，然后对所导入的模型划分网格。网格划分方法详见编者的另外一本关于 HyperMesh 的著作《HyperMesh 网格划分技术》。划分完成的网格模型如图 5-25 所示。

图 5-25　风源装置网格模型

### 5.3.3 网格模型的导入

启动 Workbench 2020 之后，在 Toolbox 中选择 Component Systems，在其中选择 Finite Element Modeler 后右击，弹出快捷菜单，单击 Browser 命令，选择相应的文件，将已经划分好网格的模型导入 Model。之后在 Analysis Systems 组件中选择 Static Structural 并拖拽到右侧的 Project Schematic 里面，最后拖拽 Finite Element Modeler 中的 Model 与 Static Structural 中的 Model 相连接，如图 5-26 所示。

在完成上述操作之后，双击模块 B 中的 Model，会得到如图 5-27 所示的模型。

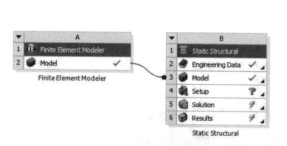

图 5-26　模块创建

图 5-27　模型导入图

在显示导入的实体模型之后，在 Outline 目录下单击 Project 中的 Mesh，则会显示如图 5-28 所示的模型网格图，证明模型导入成功。

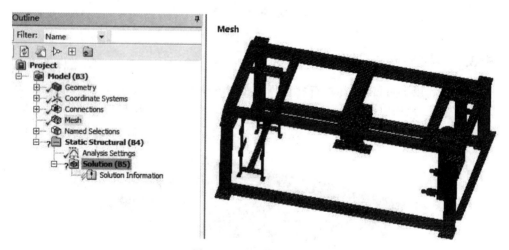

图 5-28　导入模型网格图

### 5.3.4 添加材料库

（1）双击项目 B 中 B2 栏的 Engineering Data，进入如图 5-29 所示的材料参数设置界面，在该界面中即可进行材料参数的设置。

（2）设置完材料属性之后，关闭材料属性设置界面。

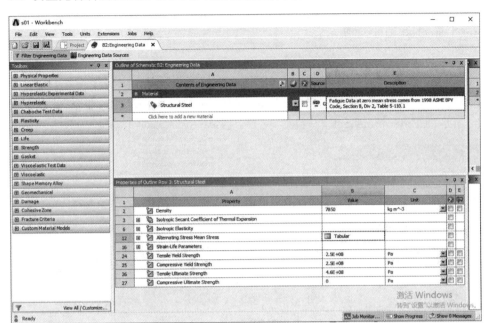

图 5-29　材料属性设置界面

### 5.3.5　添加模型材料属性

在 Engineering Data 中设置完成材料属性之后，需要为模型选择相应的材料属性。主要步骤如下：

（1）双击主界面项目管理区项目 B 中 B3 栏的 Model，进入如图 5-30 所示的 Mechanical 界面，在该界面中可以进行分析设置、结果观察等操作。

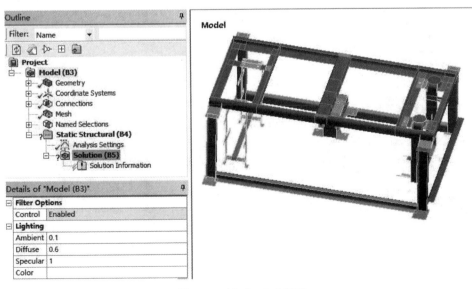

图 5-30　Mechanical 界面

（2）选择 Mechanical 界面左侧 Outline 中 Geometry 选项下的 Surface Body1,此时可以在 Details of Surface Body 1 选项框中的 Assignment 中选择模型的材料属性,这里选择 Structural Steel,如图 5-31 所示。

### 5.3.6　施加约束与载荷

（1）选择 Mechanical 界面左侧 Outline 中的 Static Structural(B4)命令,此时会出现如图 5-32 所示的 Environment 工具栏。

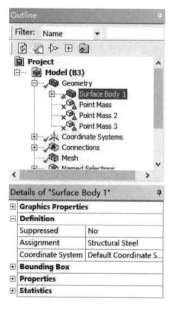

图 5-31　材料属性设置

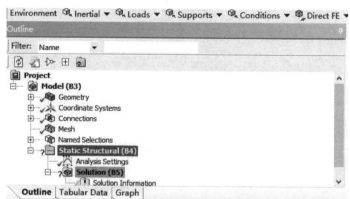

图 5-32　Environment 工具栏

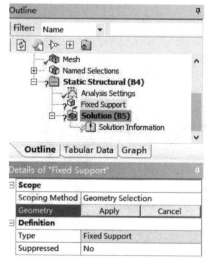

图 5-33　Fixed Support 选项

（2）选择 Environment 工具栏中的 Supports(约束)→Fixed Support(固定约束)命令,出现如图 5-33 所示的 Fixed Support 选项。

（3）选中 Fixed Support 选项,选择需要施加固定约束的面,单击 Static Structural(B4)中 Geometry 选项下的 Apply 按钮,即可在选中面上施加固定约束,如图 5-34 所示。

（4）同步骤（2）,选择 Environment 工具栏中的 Loads(载荷)→Pressure(压力)命令,此时在 Outline 中会出现 Pressure 选项,如图 5-35 所示。

（5）同步骤（3）,选中 Pressure 选项,再选中需要施加压力的面,单击 Static Structural(B4)中 Geometry 选项下的 Apply 按钮,同时在 Magnitude 选项下设置压力为 $2\times10^5$ Pa 的面载荷,如图 5-36 所示。

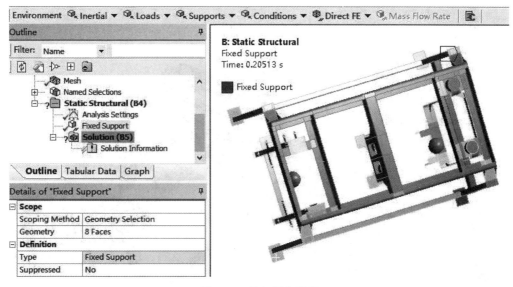

图 5-34　施加固定约束

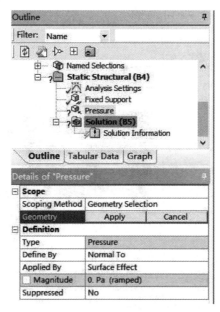

图 5-35　Pressure 选项

（6）右击 Outline（分析树）中的 Static Structural（B4）选项，在弹出的快捷菜单中选择
Solve 命令，此时弹出求解进度显示条，表示正在求解，如图 5-37 所示。

### 5.3.7　结果后处理

（1）选择 Mechanical 界面左侧 Outline 中的 Solution（B5），此时会出现如图 5-38 所示
的 Solution 工具栏。

（2）选择 Solution 工具栏中的 Stress（应力）→Equivalent（von-Mises）命令，此时在分析

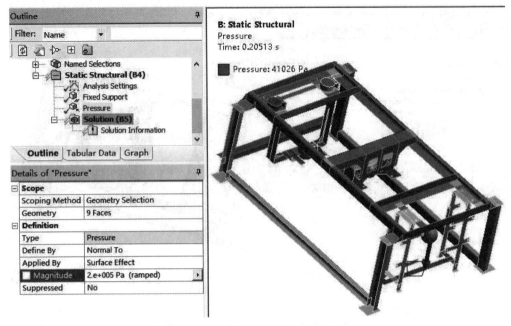

图 5-36　添加面载荷

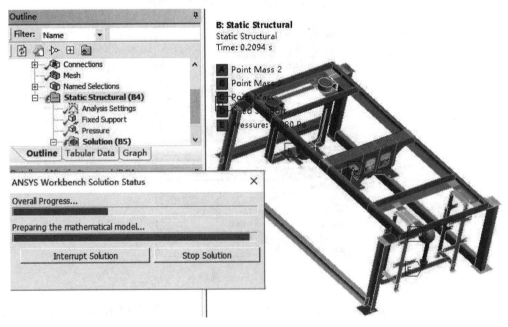

图 5-37　求解过程

树中出现 Equivalent Stress(等效应力)选项,如图 5-39 所示。

(3) 同步骤(2),选择 Solution 工具栏中的 Strain(应变)→Equivalent(von-Mises)命令,此时在 Outline 中出现 Equivalent Elastic Strain(等效应变)选项,如图 5-40 所示。

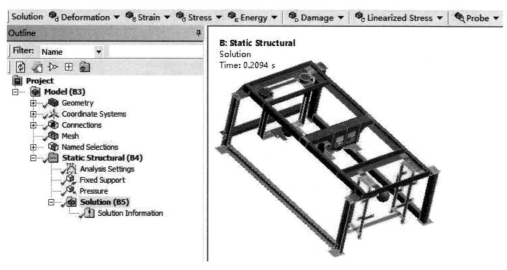

图 5-38  Solution 工具栏

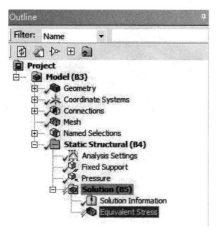

图 5-39  添加等效应力

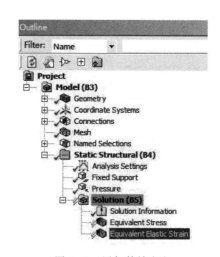

图 5-40  添加等效应变

（4）同步骤（2），选择 Solution 工具栏中的 Deformation（变形）→Total 命令，此时在 Outline 中出现 Total Deformation（总变形）选项，如图 5-41 所示。

（5）右击 Outline 中的 Solution（B5），在弹出的快捷菜单中选择 Equivalent All Results 命令，此时会弹出进度显示条，计算完成后会自动消失，其选项前的闪电符号会变为对号 "√"，如图 5-42 所示。

（6）单击 Outline 中 Solution（B5）下的 Equivalent Stress 选项，会出现如图 5-43 所示的应力分析云图。

（7）单击 Outline 中 Solution（B5）下的 Equivalent Elastic Strain 选项，会出现如图 5-44 所示的应变分析云图。

（8）单击 Outline 中 Solution（B5）下的 Total Deformation 选项，会出现如图 5-45 所示的总变形分析云图。

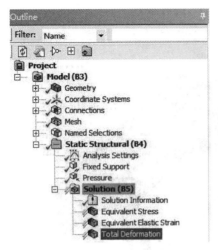
图 5-41　添加总变形

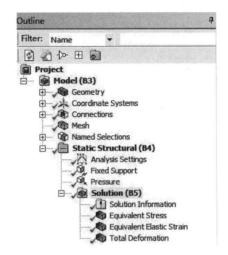
图 5-42　求解完成

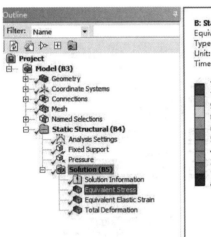
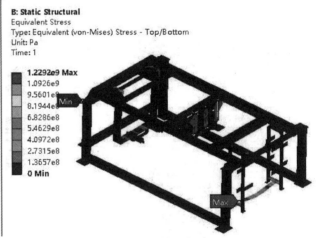

图 5-43　应力分析云图

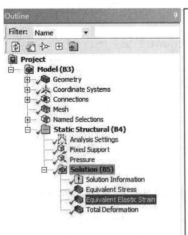
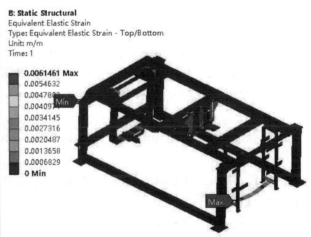

图 5-44　应变分析云图

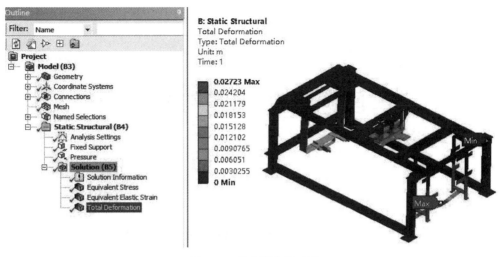

图 5-45　总变形分析云图

### 5.3.8　保存与退出

（1）单击 Mechanical 界面右上角的 ✕ 按钮，退出 Mechanical 界面并返回到主界面。

（2）在主界面的工具栏中单击 File，在下拉菜单中选择 Save as（另存为），保存文件。

（3）单击主界面右上角的关闭按钮，关闭主界面，完成分析。

## 5.4　本章小结

本章主要利用弹性车轮与某风源装置两个模型介绍了静态分析的相关步骤，得出了静态载荷下结构的整体变形图及应力、应变云图。并对静力学模块的基本操作流程及相应功能进行了简要的介绍，有助于软件学习者更快速地了解静态分析模块的相关知识，并将所学知识应用于工程实践。

## 习题

1. 结构静力分析的载荷类型主要有哪几种？
2. 简述结构静力分析的过程。
3. 简述线性静力分析的求解步骤。

# 6

## 模态分析案例详解

本章主要介绍弹性车轮和某型号风源装置的模态分析步骤与过程,确定其结构振动特性。

## 6.1 模态分析简介

模态是振动模态的简称,是弹性结构所固有的、整体的动力学特性。每个模态都具有固定频率、阻尼比及振型。模态分析是指利用有限元计算方法获取这些模态参数的过程,它是一种确定结构振动特性的技术。完成模态分析后,可以得到结构自由振动的频率,结构振动的形态以及模态参与系数。模态分析是其他动力学分析的基础。

模态分析为各种产品的结构设计和性能评估提供了强有力的工具,主要应用有结构性能评估方面、结构动态设计方面、故障诊断和状态监测方面以及声音控制方面。

## 6.2 弹性车轮模态分析

本节主要对弹性车轮进行模态分析,介绍分析弹性车轮的固有自振频率特性的过程及相应步骤。

### 6.2.1 问题描述

如图 6-1 所示为弹性车轮模型,计算该模型的固有自振频率。

### 6.2.2 模型网格划分

在本书中利用 HyperMesh 进行模型网格的划分,首先将模型导入 HyperMesh 中,对其进行几何清理,然后对所导入的模型划分网格。划分完成的网格模型如图 6-2 所示。

### 6.2.3 网格模型的导入

(1)启动 Workbench 2020 之后,在 Toolbox 中选择

图 6-1 弹性车轮

Component Systems,在其中选择 Finite Element Modeler 后右击,弹出快捷菜单,单击 Browser 命令,选择相应的文件,将已经划分好网格的模型导入 Model。之后在 Analysis Systems 组件中选择 Transient Structural 并拖拽到右侧的 Project Schematic 里面,最后拖拽 Finite Element Modeler 中的 Model 与 Transient Structural 中的 Model 相连接,如图 6-3 所示。

（2）完成上述操作之后,双击模块 B 中的 Model,会得到如图 6-4 所示的模型。

（3）显示导入的实体模型之后,在 Outline 目录下单击 Project 中的 Mesh,则会显示如图 6-5 所示的模型网格图,证明模型导入成功。

图 6-2　弹性车轮网格模型

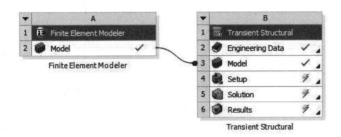

图 6-3　模块创建

图 6-4　模型导入图　　　　　图 6-5　模型网格

## 6.2.4　添加材料库

（1）双击项目 B 中 B2 栏的 Engineering Data,进入如图 6-6 所示的材料参数设置界面,在该界面中即可进行材料参数的设置。

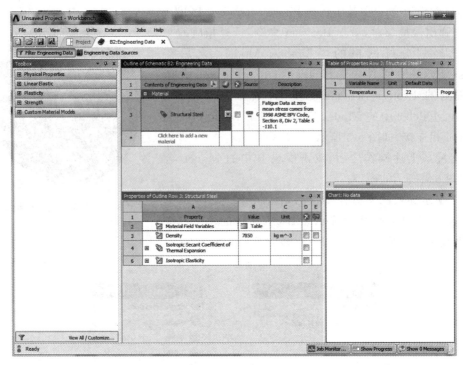

图 6-6　材料参数设置界面

（2）在项目 B 中 B2 菜单中选择 Engineering Data Sources 命令，弹出 Engineering Data Sources 界面如图 6-7 所示。

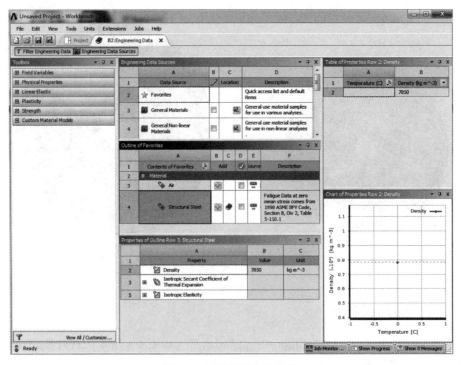

图 6-7　材料属性设置界面

（3）单击 Engineering Data Sources 表中 A3 栏 General Materials。然后单击 Outline of General Materials 表中 A13 栏 Structural Steel 后的"＋"符号,如图 6-8 所示,表示材料属性添加成功。

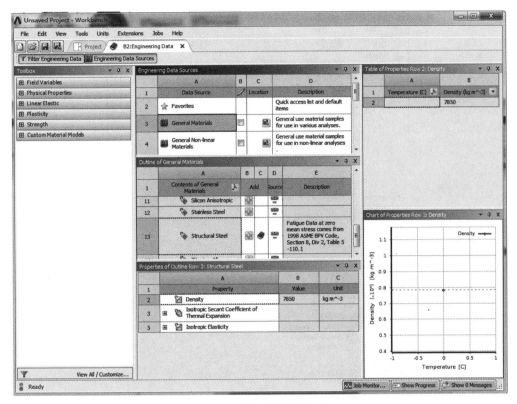

图 6-8　材料属性设置界面

（4）设置完材料属性之后,关闭材料属性设置界面。

## 6.2.5　模态分析设置

单击 Modal(B4)下面的 Analysis Settings,出现如图 6-9 所示的 Details of "Analysis Settings"选项框,并进行如下设置:

（1）在 Max Modes to Find 栏中输入 20,设置 20 阶模态分析;

（2）其余采用默认设置。

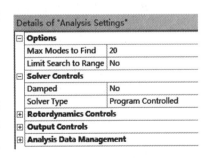

图 6-9　Details of "Analysis Settings" 选项框

## 6.2.6　施加约束

（1）选择 Mechanical 界面左侧 Outline 中的 Modal(B4)命令,此时会出现如图 6-10 所示的 Environment 工具栏。

（2）选择 Environment 工具栏中的 Supports(约束)→Fixed Support(固定约束)命令,

出现 Fixed Support 选项，单击 Fixed Support 选项，出现如图 6-11 所示的 Details of "Fixed Support"选项框。

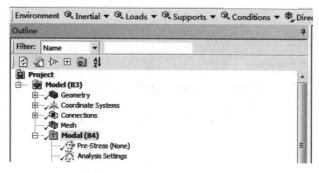

图 6-10　Environment 工具栏

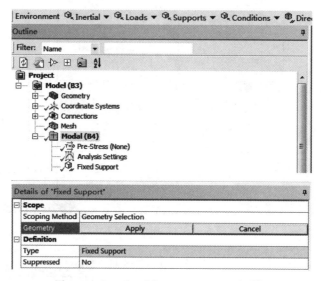

图 6-11　Details of "Fixed Support"选项框

（3）选择需要施加固定约束的面，单击 Details of "Fixed Support"中 Geometry 选项下的 Apply 按钮，即可在选中面上施加固定约束，如图 6-12 所示。

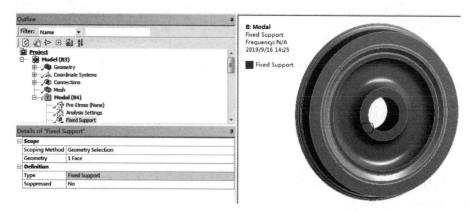

图 6-12　施加固定约束

（4）右击 Outline 中的 Modal(B4)，在弹出的快捷菜单中单击 Solve 命令，此时会弹出进度显示条，表示正在求解，如图 6-13 所示。当求解完成后进度条自动消失。

图 6-13  求解过程

## 6.2.7  结果后处理

（1）选择 Solution 工具栏中的 Deformation(变形)→Total 命令，如图 6-14 所示。此时在 Outline 中会出现 Total Deformation(总变形)选项，右击 Outline 中的 Solution(B5)，在弹出的快捷菜单中选择 Evaluate All Results 命令，如图 6-15 所示，此时会弹出进度条，当求解完成时进度条自动消失。

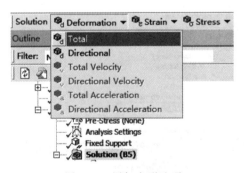

图 6-14  添加变形选项

（2）右击 Outline 中 Solution(B5)下面的 Total Deformation 选项，在弹出的快捷菜单中选择 Create Results At All Sets 命令，如图 6-16 所示。然后重复图 6-15 的操作，此时各阶模态分析结果都会显示出来。

（3）单击 Outline 中 Solution(B5)下面的 Total Deformation 文件夹中任意选项，可查看所有模态分析结果，如图 6-17 所示。

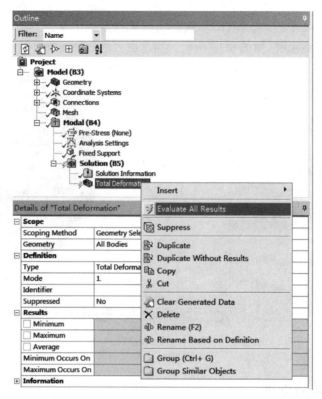

图 6-15　快捷菜单

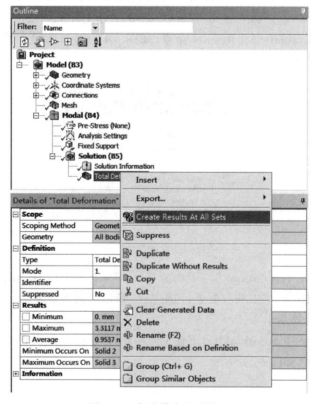

图 6-16　各阶模态显示设置

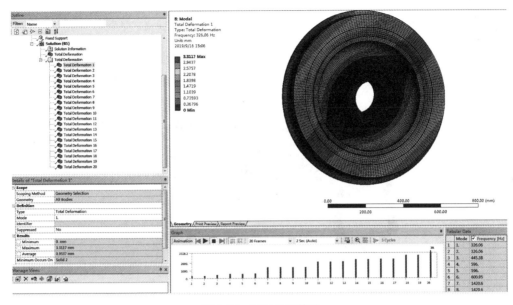

图 6-17　模态分析结果

### 6.2.8　保存与退出

（1）单击 Mechanical 界面右上角的 ✖ 按钮，退出 Mechanical 界面并返回到主界面。

（2）在主界面的工具栏中单击 File，在下拉菜单中选择 Save as（另存为），保存文件。

（3）单击主界面右上角的关闭按钮，关闭主界面，完成分析。

## 6.3　某型号风源装置模态分析

### 6.3.1　问题描述

如图 6-18 所示为某型号风源装置模型，计算该模型的固有自振频率。

图 6-18　某型号风源装置模型

### 6.3.2 模型网格划分

在本书中利用 HyperMesh 进行模型网格的划分,首先将模型导入 HyperMesh 中,对其进行几何清理,然后对所导入的模型划分网格。划分完成的网格模型如图 6-19 所示。

图 6-19 风源装置网格模型

### 6.3.3 网格模型的导入

(1)启动 Workbench 2020 之后,在 Toolbox 中选择 Component Systems,在其中选择 Finite Element Modeler 后右击,弹出快捷菜单,单击 Browser 命令,选择相应的文件,将已经划分好网格的模型导入 Model。之后在 Analysis Systems 组件中选择 Transient Structural 并拖拽到右侧的 Project Schematic 里面,最后拖拽 Finite Element Modeler 中的 Model 与 Transient Structural 中的 Model 相连接,如图 6-20 所示。

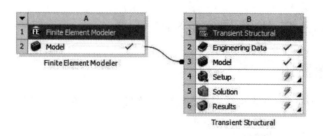

图 6-20 模块创建

(2)完成上述操作之后,双击模块 B 中的 Model,会得到如图 6-21 所示的模型。

图 6-21 模型导入图

（3）显示导入的实体模型之后，在 Outline 目录下单击 Project 中的 Mesh，则会显示如图 6-22 所示的模型网格图，证明模型导入成功。

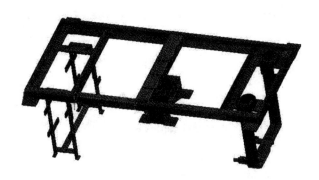

图 6-22　模型网格

### 6.3.4　添加材料库

（1）双击项目 B 中 B2 栏的 Engineering Data，进入如图 6-23 所示的材料参数设置界面，在该界面中即可进行材料参数的设置。

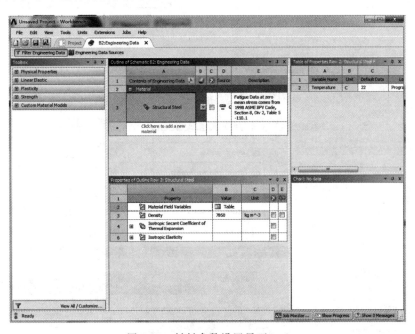

图 6-23　材料参数设置界面（一）

（2）在 Engineering Data 菜单中选择 Engineering Data Sources 命令，弹出 Engineering Data Sources 界面如图 6-24 所示。

（3）单击 Engineering Data Sources 表中 A3 栏 General Materials。然后单击 Outline of General Materials 表中 A4 栏 Aluminum Alloy 后的"＋"符号，如图 6-25 所示，表示材料属性添加成功。

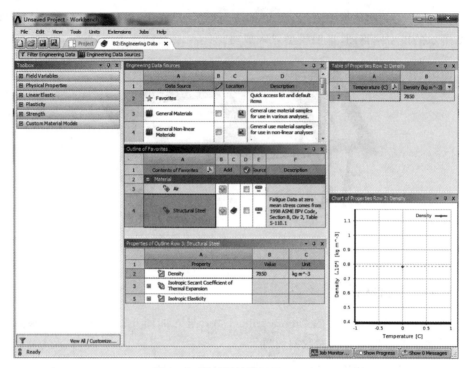

图 6-24 材料属性设置界面(二)

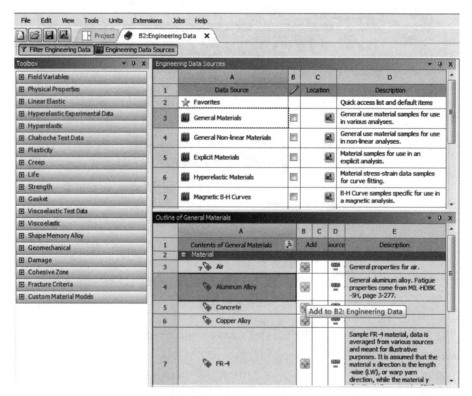

图 6-25 材料属性设置界面(三)

（4）设置完材料属性之后，关闭材料属性设置界面。

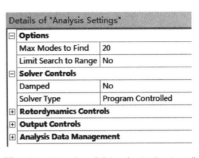

图 6-26　Details of "Analysis Settings" 选项框

## 6.3.5　模态分析设置

单击 Modal(B4)下面的 Analysis Settings，出现如图 6-26 所示的 Details of "Analysis Settings"选项框，并进行如下设置：

（1）在 Max Modes to Find 栏中输入 20，设置 20 阶模态分析；

（2）其余采用默认设置。

## 6.3.6　施加约束

（1）选择 Mechanical 界面左侧 Outline 中的 Modal(B4)命令，此时会出现如图 6-27 所示的 Environment 工具栏。

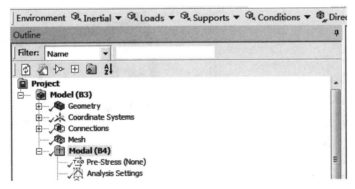

图 6-27　Environment 工具栏

（2）选择 Environment 工具栏中的 Supports(约束)→Fixed Support(固定约束)命令，出现 Fixed Support 选项，单击 Fixed Support 选项，出现如图 6-28 所示的 Details of "Fixed Support"选项框。

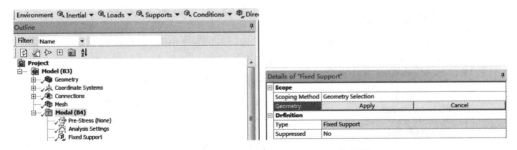

图 6-28　Details of "Fixed Support"选项框

（3）选择需要施加固定约束的面，单击 Details of "Fixed Support"中 Geometry 选项下的 Apply 按钮，即可在选中面上施加固定约束，如图 6-29 所示。

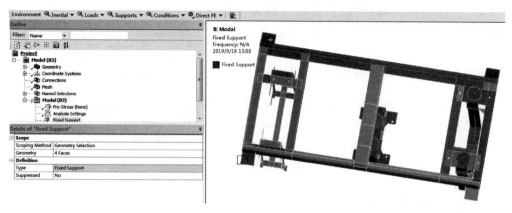

图 6-29　施加固定约束

（4）右击 Outline 中的 Modal（B4），在弹出的快捷菜单中单击 Solve 命令，此时会弹出进度显示条，表示正在求解，如图 6-30 所示。当求解完成后进度条自动消失。

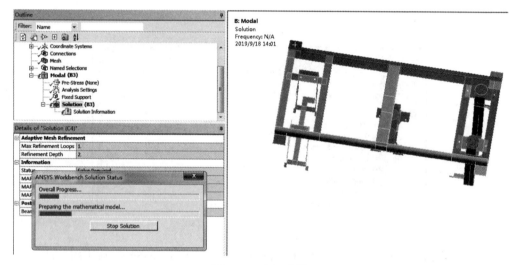

图 6-30　求解过程

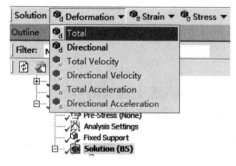

图 6-31　添加变形选项

### 6.3.7　结果后处理

（1）选择 Solution 工具栏中的 Deformation（变形）→Total 命令，如图 6-31 所示。此时在 Outline 中会出现 Total Deformation（总变形）选项，右击 Outline 中的 Solution（B5），在弹出的快捷菜单中选择 Evaluate All Results 命令，如图 6-32 所示，此时会弹出进度条，当求解完成时进度条自动消失。

（2）右击 Outline 中 Solution（B5）下面的 Total Deformation 选项，在弹出的快捷菜单中选择 Create Results At All Sets 命令，如图 6-33 所示。然后重复图 6-32 的操作，此时各

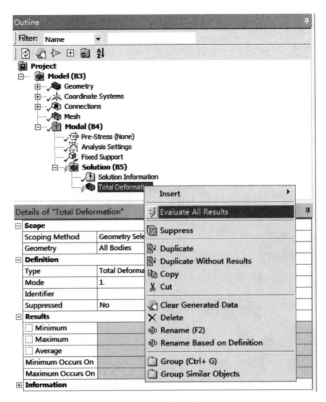

图 6-32　快捷菜单

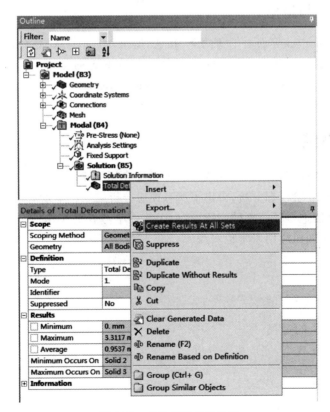

图 6-33　各阶模态显示设置

阶模态分析结果都会显示出来。

（3）单击 Outline 中 Solution(B5)下面的 Total Deformation 文件夹中任意选项，可查看所有模态分析结果，如图 6-34 所示。

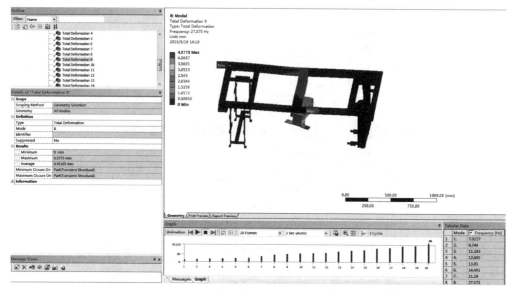

图 6-34　模态分析结果

### 6.3.8　保存与退出

（1）单击 Mechanical 界面右上角的 ✕ 按钮，退出 Mechanical 界面并返回到主界面。

（2）在主界面的工具栏中单击 File，在下拉菜单中选择 Save as(另存为)，保存文件。

（3）单击主界面右上角的关闭按钮，关闭主界面，完成分析。

## 6.4　本章小结

本章主要利用弹性车轮与某风源装置两个模型介绍了模态分析的相关步骤，对模型施加固定约束后进行 20 阶模态分析，得出了所有模态分析结果。本章对模态分析模块的基本操作流程及相应功能进行了简要的介绍，有助于软件学习者更快速地了解模态分析模块的相关知识，并将所学知识应用于工程实践。

## 习题

1. 简述模态分析的过程。
2. 导入本书所附模型，完成模态分析。

# 7

# 谐响应分析

谐响应分析主要用来确定金属结构在承受持续的周期载荷时的周期响应。谐响应分析能够预测结构的持续动力学特性,从而验证其设计能否成功克服共振、疲劳及其他受控振动引起的有害效果。本章将对 Workbench 2020 软件的谐响应模块进行讲解,并通过典型实例的应用对各种分析的一般步骤进行详细介绍。

## 7.1 谐响应分析简介

谐响应分析也称频率响应分析或扫频分析,用于确定结构在已知频率和幅值的正弦载荷作用下的稳态响应。谐响应分析是一种时域分析,它计算结构响应的时间历程,但局限于载荷是简谐变化的情况,只计算结构的稳态受迫振动,而不考虑激励开始时的瞬态振动。谐响应分析可以进行扫频分析,分析结构在不同频率和幅值的简谐载荷作用下的响应,从而探测共振,指导设计人员避免结构发生共振(例如,借助阻尼器来避免共振),确保一个给定的结构能够经受住不同频率的各种简谐载荷。

谐响应分析的载荷是随时间按正弦变化的简谐载荷,这种类型的载荷可以用频率和幅值来描述。谐响应分析可以同时计算一系列不同频率和幅值的载荷引起的结构的响应,这就是所谓的频率扫描(扫频)分析。简谐载荷可以是加速度或者力,载荷可以作用于指定节点或者基础(所有约束节点),而且同时作用的多个激励载荷可以有不同的频率以及相位。

简谐载荷有两种描述方法:一种方法是采用频率、幅值、相位角来描述;另一种方法是通过频率、实部和虚部来描述。

谐响应分析的计算结果包括结构任意点的位移或应力的实部、虚部、幅值以及等值图,实部和虚部反映了结构响应的相位角,如果定义了非零阻尼,则响应会与输入载荷之间有相位差。

## 7.2 弹性车轮谐响应分析

本节主要介绍 Workbench 2020 的谐响应分析,以弹性车轮为例,对整个谐响应操作步骤进行详细介绍。

### 7.2.1 问题描述

如图 7-1 所示为弹性车轮模型，对其进行谐响应分析。

### 7.2.2 模型网格划分

本书中利用 HyperMesh 进行模型网格的划分，首先将模型导入 HyperMesh 中，对其进行几何清理，然后对所导入的模型划分网格。网格划分方法详见编者的另外一本关于 HyperMesh 的著作《HyperMesh 网格划分技术》。划分完成的网格模型如图 7-2 所示。

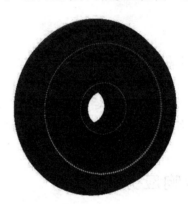

图 7-1  弹性车轮模型图          图 7-2  弹性车轮网格模型

### 7.2.3 创建模态分析

（1）启动 Workbench 2020 之后，在 Toolbox 中选择 Component Systems，在其中选择 Finite Element Modeler 后右击，弹出快捷菜单，单击 Browser 选项，选择相应的文件，将已经划分好网格的模型导入 Model。之后在 Analysis Systems 组件中选择 Modal 并拖拽到右侧的 Project Schematic 里面，最后拖拽 Finite Element Modeler 中的 Model 与 Modal 中的 Model 相连接，如图 7-3 所示。

（2）完成上述操作之后，双击模块 B 中的 Model，会得到如图 7-4 所示的模型。

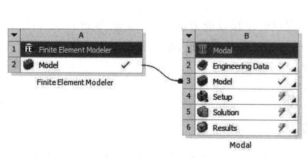

图 7-3  模块创建          图 7-4  模型导入图

（3）显示导入的实体模型之后，在 Outline 目录下单击 Project 中的 Mesh，则会显示如图 7-5 所示的模型网格图，证明模型导入成功。

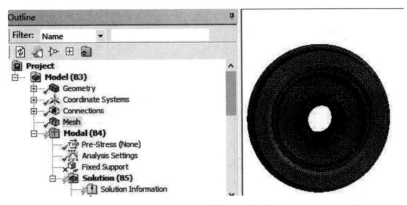

图 7-5　导入模型网格图

## 7.2.4　添加材料库

（1）双击项目 B 中 B2 栏的 Engineering Data，进入如图 7-6 所示的材料属性设置界面，在该界面中即可进行材料参数的设置。

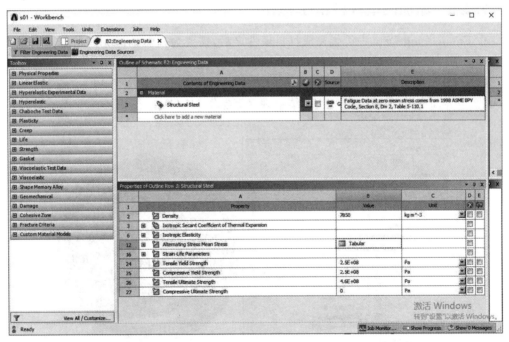

图 7-6　材料属性设置界面

（2）在 Properties of Outline Row 3：Structural Steel 选项框中单击 B12 项，在右侧弹出如图 7-7 所示的循环次数和应力值曲线。

（3）设置完材料属性之后，关闭材料属性设置界面。

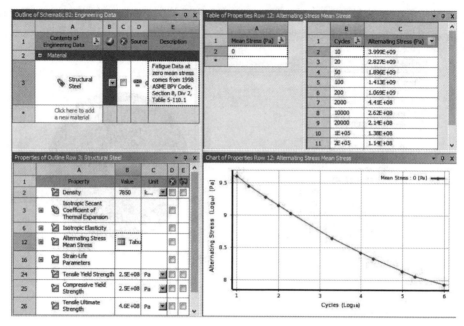

图 7-7　材料属性设置界面

## 7.2.5　添加模型材料属性

在 Engineering Data 中设置完成材料属性之后,需要为模型选择相应的材料属性。主要步骤如下:

(1)双击主界面项目管理区项目 B 中 B3 栏的 Model,进入如图 7-8 所示的 Mechanical界面,在该界面中可以进行分析设置、结果观察等操作。

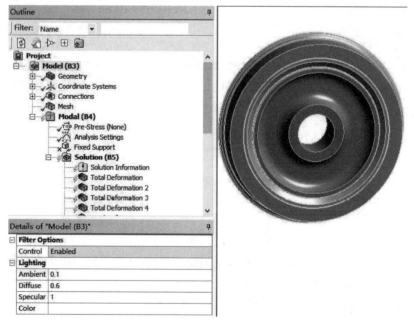

图 7-8　Mechanical 界面

（2）选择 Mechanical 界面左侧 Outline 中 Geometry 选项下的 Surface Body 1，此时可以在 Details of Solid 1 选项框中的 Assignment 中选择模型的材料属性，此处选择 Structural Steel，如图 7-9 所示。

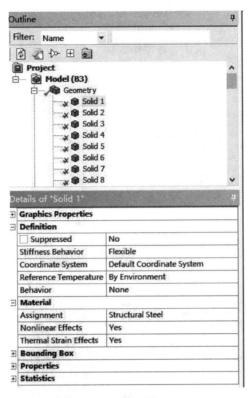

图 7-9　材料属性设置

## 7.2.6　施加约束与载荷

（1）选择 Mechanical 界面左侧 Outline 中的 Modal(B4)命令，此时会出现如图 7-10 所示的 Environment 工具栏。

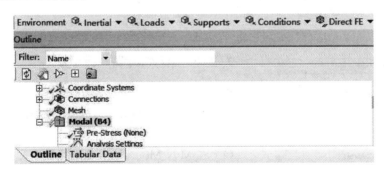

图 7-10　Environment 工具栏

（2）选择 Environment 工具栏中的 Supports(约束)→Fixed Support(固定约束)命令，出现如图 7-11 所示的 Fixed Support 选项。

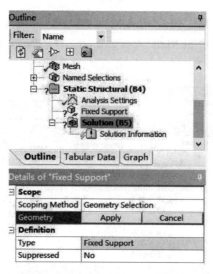

图 7-11 Fixed Support 选项

（3）选中 Fixed Support 选项，选择需要施加固定约束的面，单击 Details of "Fixed Support"选项框中 Geometry 选项下的 Apply 按钮，即可在选中面上施加固定约束，如图 7-12 所示。

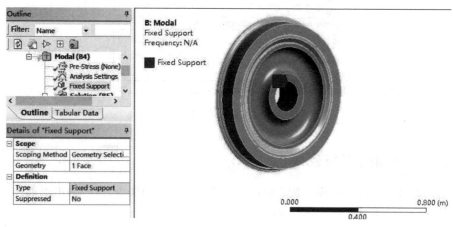

图 7-12 施加固定约束

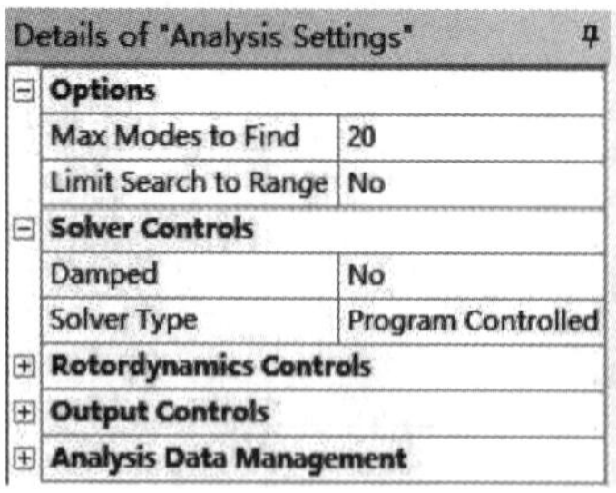

### 7.2.7 模态设置

单击 Modal(B4)下面的 Analysis Settings，出现如图 7 13 所示的 Details of "Analysis Settings"选项框，并进行如下设置：

（1）在 Max Modes to Find 栏中输入 20，设置 20 阶模态分析；

（2）其余采用默认设置；

（3）右击 Outline 中的 Modal(B4)，在弹出的快捷菜单中单击 Solve 命令，此时会弹出进度显示条，表示正在

图 7-13 Details of "Analysis Settings" 选项框

求解,如图 7-14 所示,当求解完成后进度条自动消失。

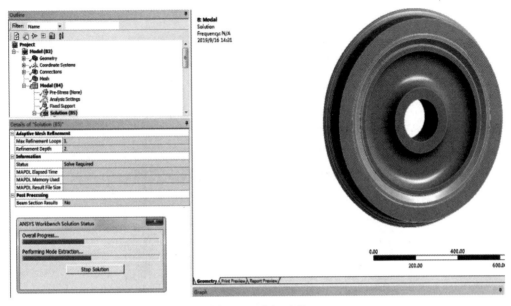

图 7-14　求解过程

## 7.2.8　结果后处理

（1）选择 Solution 工具栏中的 Deformation（变形）→Total 命令,如图 7-15 所示。此时在 Outline 中会出现 Total Deformation（总变形）选项。右击 Outline 中的 Solution(B5),在弹出的快捷菜单中选择 Evaluate All Results 选项,如 7-16 所示,此时会弹出进度条,当求解完成时进度条自动消失。

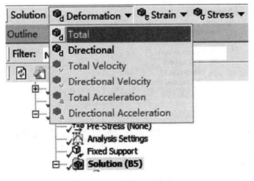

图 7-15　添加变形选项

（2）右击 Outline 中 Solution(B5)下面的 Total Deformation,在弹出的快捷菜单中选择 Create Results At All Sets 命令,如图 7-17 所示。然后重复图 7-16 的操作,此时各阶模态分析结果都会显示出来。

（3）单击 Outline 中 Solution(B5)下面的 Total Deformation 文件夹中任意选项,可查看所有模态分析结果,如图 7-18 所示。

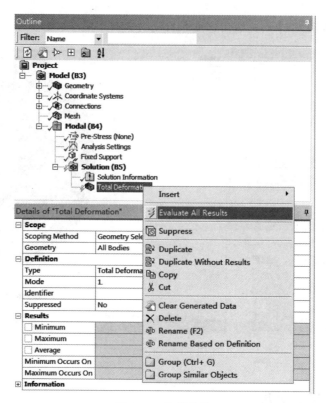

图 7-16　快捷菜单

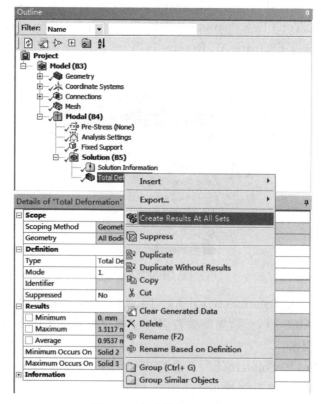

图 7-17　各阶模态显示设置

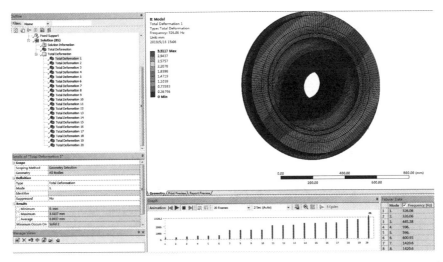

图 7-18　模态分析结果

# 7.3　树叶模型谐响应分析

本节主要介绍 Workbench 2020 的谐响应分析,以树叶模型为例,对整个谐响应操作步骤进行详细介绍。

## 7.3.1　问题描述

如图 7-19 所示为树叶模型,对其进行谐响应分析。

## 7.3.2　模型网格划分

在本书中利用 HyperMesh 进行模型网格的划分,首先将模型导入 HyperMesh 中,对其进行几何清理,然后对所导入的模型划分网格。网格划分方法详见编者的另外一本关于 HyperMesh 的著作《HyperMesh 网格划分技术》。划分完成的网格模型如图 7-20 所示。

图 7-19　树叶模型图

图 7-20　树叶网格模型

### 7.3.3 创建模态分析

（1）启动 Workbench 2020 之后，在 Toolbox 中选择 Component Systems，在其中选择 Finite Element Modeler 后右击，弹出快捷菜单，单击 Browser 命令，选择相应的文件，将已经划分好网格的模型导入 Model。之后在 Analysis Systems 组件中选择 Modal 并拖拽到右侧的 Project Schematic 里面，最后拖拽 Finite Element Modeler 中的 Model 与 Modal 中的 Model 相连接，如图 7-21 所示。

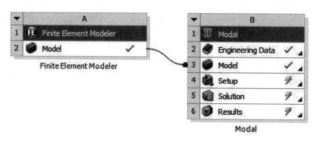

图 7-21　模块创建

（2）在完成上述操作之后，双击模块 B 中的 Model，其余模态步骤与第 6 章模态分析案例中一致。

### 7.3.4 创建谐响应分析

在 Toolbox 中选择 Analysis Systems 组件中的 Harmonic Response，并将项目 B 与项目 C 中 Engineering Data 与 Model 分别相连，得到如图 7-22 所示的界面，表明项目 B 中的所有数据已经导入项目 C 中。双击 Setup 命令即可直接进入 Mechanical 界面。

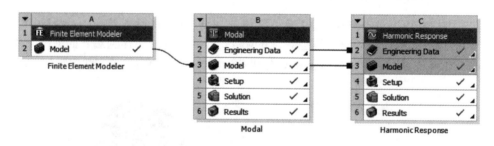

图 7-22　谐响应创建

### 7.3.5 施加约束与载荷

（1）单击 Harmonic Response（C4）下面的 Analysis Settings，出现如图 7-23 所示的 Details of "Analysis Settings"选项框，并进行如下设置：

① 在 Range Minimum 栏中输入 0，在 Range Maximum 栏中输入 80；
② 在 Solution Intervals 栏中输入 80；

③ 其余采用默认设置。

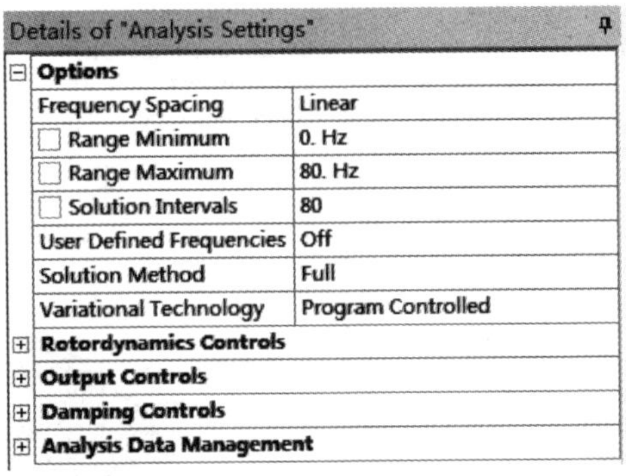

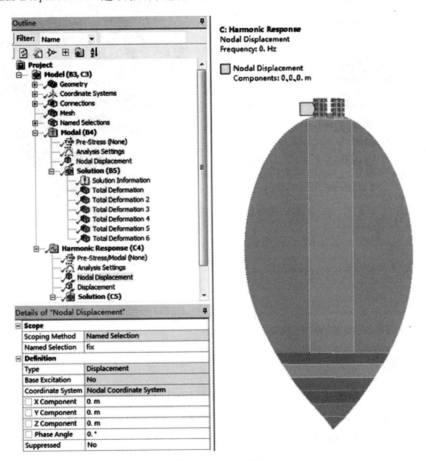

图 7-23  分析设置

（2）选择 Environment 工具栏中的 Direct FE→Nodal Displacement 命令，出现如图 7-24 所示的 Nodal Displacement 选项框，并选择所施加的单元约束，单击 Apply 施加约束。

图 7-24  施加约束

（3）选择 Environment 工具栏中的 Loads→Displacement 命令，出现如图 7-25 所示的 Displacement 选项框，在 Coordinate System 栏中选择 Global Coordinate System，并在 Y

Component 方向输入一1.5e-005m,其余方向选为 Free。

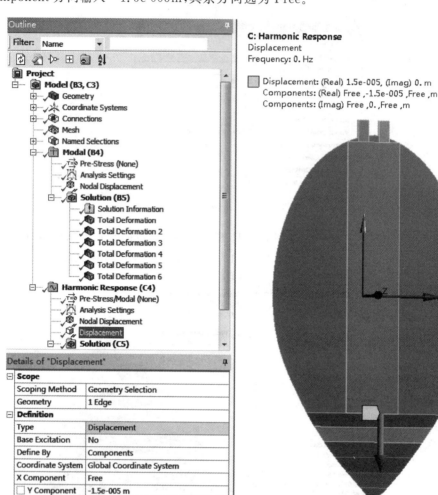

图 7-25　施加载荷

## 7.3.6　结果后处理

选择 Solution 工具栏中的 Deformation(变形)→Total 命令,此时在 Outline 中会出现
Total Deformation(总变形)选项,右击 Outline 中的 Solution(C5),在弹出的快捷菜单中选
择 Evaluate All Results 命令,此时会弹出进度条,当求解完成时进度条自动消失。右击
Outline 中 Solution(C5)下面的 Total Deformation,得到其整体谐响应结果,如图 7-26
所示。

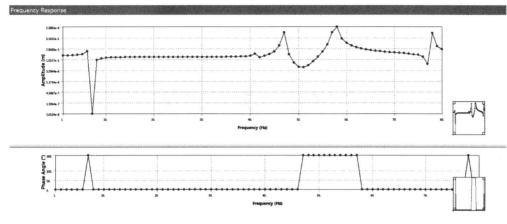

图 7-26　整体谐响应结果

### 7.3.7　保存与退出

（1）单击 Mechanical 界面右上角的 ✕ 按钮，退出 Mechanical 界面并返回到主界面。

（2）在主界面的工具栏中单击 File，在下拉菜单中选择 Save as（另存为），保存文件。

（3）单击主界面右上角的关闭按钮，关闭主界面，完成分析。

## 7.4　本章小结

本章主要利用两个实例对谐响应的步骤进行了介绍，分别给出了模态分析步骤与谐响应分析步骤的联系，同时也得到了模态与谐响应分析的结果。

## 习题

1. 简述谐响应分析的特征及分析过程。

2. 尝试对简单金属构件（车架等）进行谐响应分析。

# 8

## 动力学分析案例详解

在实际工程应用中,经常会遇到瞬态、大变形、大应变、材料完全失效的情况,此时通过 Workbench 自带的动力学分析模块可以较好地模拟仿真此类情况,为科研及解决工程问题提供了较大方便。本章主要介绍 Workbench 2020 的动力学模块的分析使用方法以及相关案例。

## 8.1 弹性车轮动力学分析

本节主要介绍 Workbench 2020 的动力学分析模块,计算弹性车轮在外加载荷下的应力应变。

### 8.1.1 问题描述

如图 8-1 所示为弹性车轮的模型,在受到一定外加载荷时车轮沿轨道以一定速度向前滚动,对此过程进行动力学分析,探究各部件应力与应变的关系。

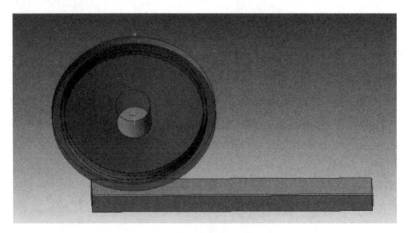

图 8-1 弹性车轮装置模型图

### 8.1.2　模型网格划分

本案例中利用 Workbench 进行模型网格的划分,首先将模型导入 Workbench 中,使用自动划分命令对所导入的模型划分网格。划分完成的网格模型如图 8-2 所示。

图 8-2　弹性车轮装置网格模型

### 8.1.3　网格模型的导入

（1）启动 Workbench 2020 之后,在 Toolbox 中选择 Analysis Systems,在其中选择 Geometry 后右击,弹出快捷菜单,单击 Browser 选项,选择相应的文件,将已经划分好网格的模型导入 Model。之后在 Analysis Systems 组件中选择 Static Structural 并拖拽到右侧的 Project Schematic 里面,最后拖拽 Geometry 中的 Geometry 与 Static Structural 中的 Geometry 相连接,如图 8-3 所示。

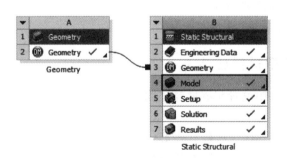

图 8-3　模块创建示意图

（2）完成上述操作之后,双击模块 B 中的 Model,加载完成会得到如图 8-4 所示的模型。

（3）显示导入的实体模型之后,在 Outline 目录下单击 Project 中的 Mesh,则会显示如图 8-5 所示的模型网格图,证明模型导入成功。

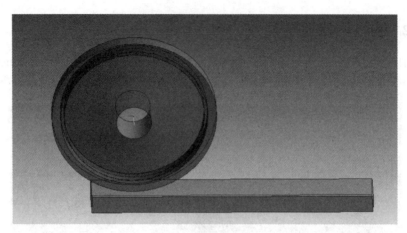

图 8-4　模型导入图

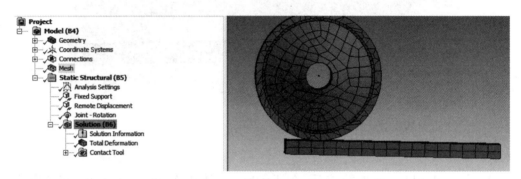

图 8-5　导入模型网格图

### 8.1.4　添加材料库

（1）双击项目 B 中 B2 栏的 Engineering Data，进入如图 8-6 所示的材料属性设置界面，在该界面中即可进行材料参数的设置。

（2）设置完材料属性之后，关闭材料属性设置界面。

### 8.1.5　添加模型材料属性

在 Engineering Data 中设置完成材料属性之后，需要为模型选择相应的材料属性。主要步骤如下：

（1）双击主界面项目管理区项目 B 中 B3 栏的 Model，进入如图 8-7 所示的 Mechanical 界面，在该界面中可以进行分析设置、结果观察等操作。

（2）选择 Mechanical 界面左侧 Outline 中 Geometry 选项下的 40lun-1，此时可以在 Details of "40lun-1"选项框中的 Assignment 中选择模型的材料属性，这里选择 Structural Steel，如图 8-8 所示。其余各部件材料属性设置方法与车轮材料属性设置方法相同，不再赘述。

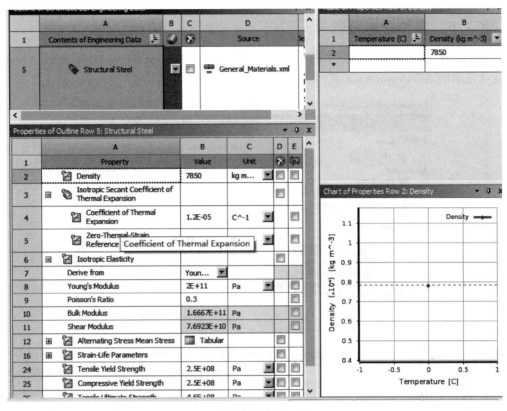

图 8-6 材料属性设置界面

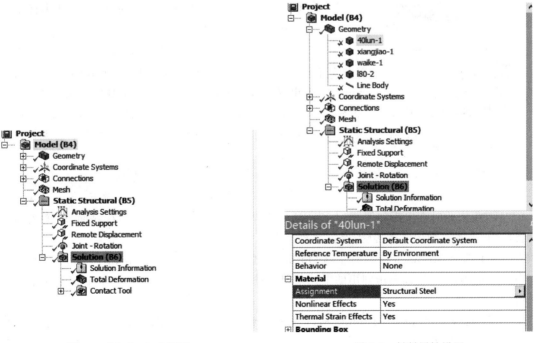

图 8-7 Mechanical 界面　　　　　　　　图 8-8 材料属性设置

### 8.1.6 施加约束与载荷

（1）选择 Mechanical 界面左侧 Outline 中的 Static Structural(B4)命令,此时会出现如图 8-9 所示的 Environment 工具栏。

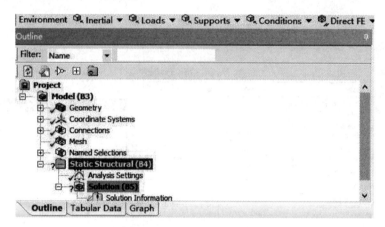

图 8-9　Environment 工具栏

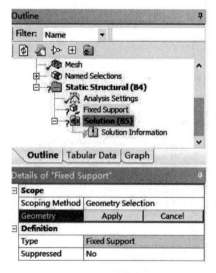

图 8-10　Fixed Support 选项

（2）选择 Environment 工具栏中的 Supports(约束)→Fixed Support(固定约束)命令,出现如图 8-10 所示的 Fixed Support 选项。

（3）选中 Fixed Support 选项,选择需要施加固定约束的面,单击"Fixed Support"选项框中 Geometry 选项下的 Apply 按钮,即可在选中面上施加固定约束,如图 8-11 所示。

（4）同步骤(2),选择 Environment 工具栏中的 Support(约束)→Remote Displacement(远程点约束)命令,选择轮子内圈轴线上的线体单元的两点作为施加点,此时在 Outline 中会出现 Remote Displacement 选项,在 Y 方向施加图表控制位移,如图 8-12 与图 8-13 所示。

（5）选择 Mechanical 界面左侧 Outline 中的 Contacts 命令,单击轮轨接触面对 Frictional-waike-1 To 180-2,此时会出现如图 8-14 所示的设置界面,选择轮子外表面为接触面,轨道表面为日标面,接触类型为摩擦接触,摩擦系数设置为 0.3。

（6）选择 Mechanical 界面左侧 Outline 中的 Contacts 命令,单击 Environment 工具栏中的 Body-Body,继续单击弹出的下拉菜单中的 Revolute 选项,Outline 中出现 Joints 项目树,如图 8-15 所示。

（7）选择 Outline 中的 Joints 项目,弹出参数设置窗口,在 Reference 中的 Body 栏选择轮子内圆表面,在 Mobile 中的 Body 栏选择内圆轴线处的梁单元上的一点(轴线处线体的绘制及相关梁单元设置方法请参考 Workbench DesignModeler 部分教程),如图 8-16 所示。

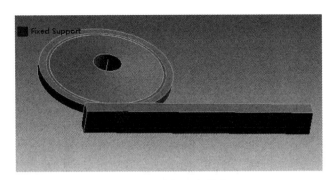

图 8-11 施加固定约束

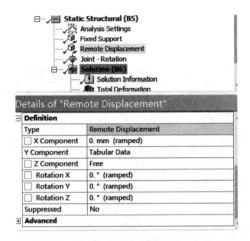

图 8-12 Remote Displacement 选项

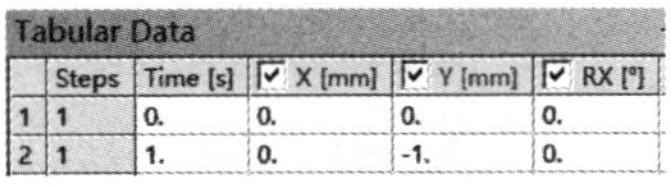

| Tabular Data | | | | |
|---|---|---|---|---|
| | Steps | Time [s] | ✓ X [mm] | ✓ Y [mm] | ✓ RX [°] |
| 1 | 1 | 0. | 0. | 0. | 0. |
| 2 | 1 | 1. | 0. | -1. | 0. |

图 8-13 位移参数表

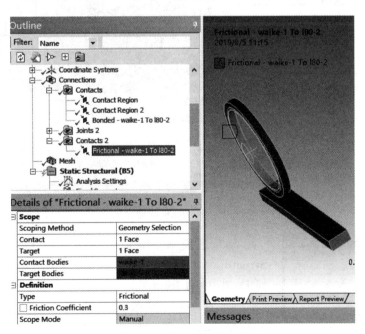

图 8-14 轮轨接触面设置

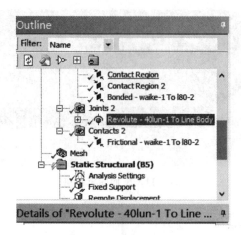

图 8-15　Joints 项目树

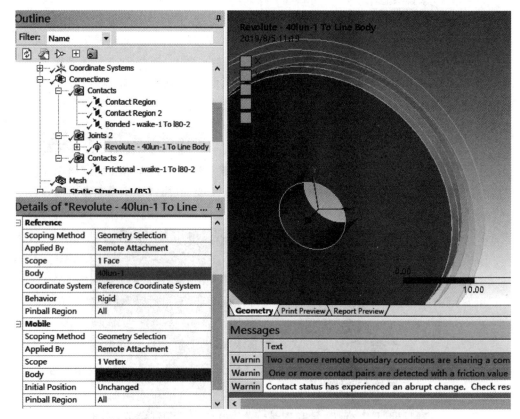

图 8-16　Revolute 功能设置

| | Steps | Time [s] | ☑ Rotation [°] |
|---|---|---|---|
| 1 | 1 | 0. | 0. |
| 2 | 1 | 1. | 0. |
| 3 | 2 | 2. | 3. |
| * | | | |

图 8-17　转动参数设置

（8）选择 Mechanical 界面左侧 Outline 中的 Static Structural(B4)命令，此时会出现 Environment 工具栏。选择 Loads 中的 Joint Load 功能，单击项目树中出现的 Joint Load 项目，弹出参数设置界面，在 Magnitude 中选择 Tabular Data 功能。在窗口右侧的 Tabular Data 栏输入对应参数，如图 8-17 所示。

(9) 选择 Mechanical 界面左侧 Outline 中的 Static Structural(B4)命令,选择 Analysis Settings 项目,弹出参数设置界面,设定求解步数为 2,关闭自动时间步选项,将子求解步设置为 10,如图 8-18 所示。

Details of "Analysis Settings"

| | |
|---|---|
| **Step Controls** | |
| Number Of Steps | 2. |
| Current Step Number | 2. |
| Step End Time | 2. s |
| Auto Time Stepping | Off |
| Define By | Substeps |
| Number Of Substeps | 10. |
| **Solver Controls** | |
| Solver Type | Program Controlled |
| Weak Springs | Off |
| Solver Pivot Checking | Program Controlled |
| Large Deflection | On |
| Inertia Relief | Off |
| **Restart Controls** | |
| **Nonlinear Controls** | |
| **Output Controls** | |

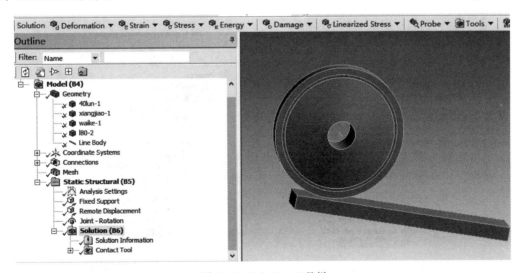

图 8-18　Analysis Settings 选项

(10) 右击 Outline 中的 Static Structural(B4)选项,在弹出的快捷菜单中选择 Solve 命令。

## 8.1.7　结果后处理

(1) 选择 Mechanical 界面左侧 Outline 中的 Solution(B5),此时会出现如图 8-19 所示的 Solution 工具栏。

图 8-19　Solution 工具栏

(2) 选择 Solution 工具栏中的 Stress(应力)→Equivalent(von-Mises)命令,此时在 Outline 中出现 Equivalent Stress(等效应力)选项,如图 8-20 所示。

（3）同步骤（2），选择 Solution 工具栏中的 Strain（应变）→Equivalent（von-Mises）命令，此时在 Outline 中出现 Equivalent Elastic Strain（等效应变）选项，如图 8-21 所示。

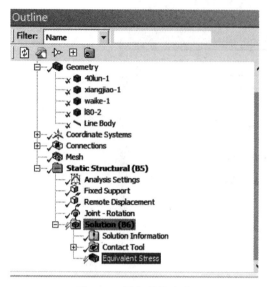

图 8-20　添加等效应力

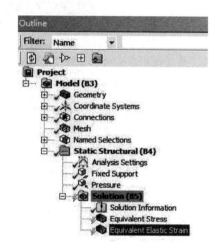

图 8-21　添加等效应变

（4）同步骤（2），选择 Solution 工具栏中的 Deformation（变形）→Total 命令，此时在 Outline 中出现 Total Deformation（总变形）选项，如图 8-22 所示。

（5）右击 Outline 中的 Solution（B5），在弹出的快捷菜单中选择 Equivalent All Results 命令，此时会弹出进度显示条，计算完成后会自动消失，其选项前的闪电符号会变为对号 "√"，如图 8-23 所示。

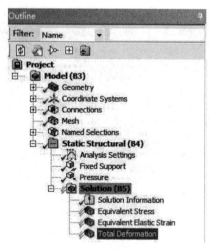

图 8-22　添加总变形

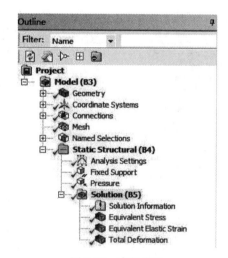

图 8-23　求解完成

（6）单击 Outline 中 Solution（B5）下的 Equivalent Stress 选项，右侧会出现如图 8-24 所示的应力分析云图。

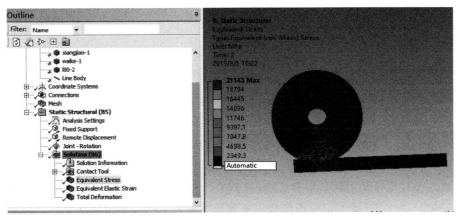

图 8-24　应力分析云图

（7）单击 Outline 中 Solution（B5）下的 Equivalent Elastic Strain 选项，右侧会出现如图 8-25 所示的应变分析云图。

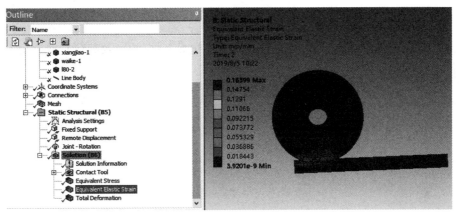

图 8-25　应变分析云图

（8）单击 Outline 中 Solution（B5）下的 Total Deformation 选项，右侧会出现如图 8-26 所示的总变形分析云图。

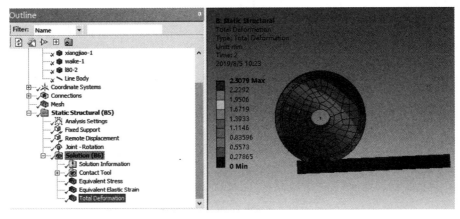

图 8-26　总变形分析云图

### 8.1.8 保存与退出

（1）单击 Mechanical 界面右上角的 ✕ 按钮，退出 Mechanical 界面并返回到主界面。

（2）在主界面的工具栏中单击 File，在下拉菜单中选择 Save as（另存为），保存文件。

（3）单击主界面右上角的关闭按钮，关闭主界面，完成分析。

## 8.2 本章小结

本章以弹性车轮动力学分析为案例，计算了弹性车轮在受外载荷下的受力变化，详细介绍了 Workbench 2020 动力学分析的操作步骤及各种常见命令的使用方法。本章对工程中的瞬态、大变形、大应变、失效等工况的动力学仿真提供指导。

## 习题

1. 简述动力学分析的特征及分析过程。

2. 尝试在弹性车轮动力学分析的基础上改变边界条件（约束及载荷），并对比不同边界条件对结果的影响。

# 9

## 疲劳分析案例详解

在实际工程应用中,疲劳是造成工程结构失效的主要原因之一。其造成破坏主要与反复加载有关,比如长期运行的轴承、齿轮等,都会存在不同程度的疲劳损伤,为了在设计阶段研究零件的预期疲劳程度,应利用有限元分析软件对零件进行疲劳分析。本章主要介绍 Workbench 2020 的疲劳分析使用方法以及相关案例。

## 9.1 疲劳分析简介

强度、刚度和疲劳寿命是工程机械和结构使用的三个基本要求。疲劳是使结构失效的最主要原因,95%以上的结构失效是因为疲劳破坏。

### 9.1.1 疲劳概述

结构失效的常见原因是疲劳,其造成破坏与重复加载有关。疲劳通常分为两类,即高周疲劳和低周疲劳。

高周疲劳是在载荷的循环(重复)次数高(如 $10^4 \sim 10^9$ 次)的情况下产生的。因此,应力通常比材料的极限强度低,应力疲劳(stress-based)用于高周疲劳计算。低周疲劳是在循环次数相对较低时发生的。塑性变形常常伴随低周疲劳,这阐明了短疲劳寿命。一般认为应变疲劳(strain-based)应该用于低周疲劳计算。在设计仿真中,疲劳模块拓展程序(fatigue module add-on)是基于应力疲劳(stress-based)理论,它适用于高周疲劳。

### 9.1.2 载荷与疲劳失效的关系

载荷与疲劳失效的关系,采用应力-寿命曲线(或称 S-N 曲线)来表示:

(1) 若某一部件承受循环载荷,经过一定的循环次数后,该部件裂纹或破坏将会扩大,而且有可能导致失效;

(2) 如果同一部件承受更高的载荷,导致失效的载荷循环次数将减少;

(3) 应力-寿命曲线表示应力幅与失效循环次数的关系。

S-N 曲线是通过对试件做疲劳测试得到的,反映的是单轴的应力状态。影响 S-N 曲线的因素很多,主要有：材料的延展性,材料的加工工艺,几何形状信息(包括表面光滑度、残余应力以及存在的集中应力),载荷环境(包括平均应力、温度和化学环境)。

一个部件通常处于受多轴应力状态。如果疲劳数据($S$-$N$ 曲线)是从反映单轴应力状态的测试中得到的,那么在计算寿命时就要注意：设计仿真为用户提供了如何把结果和 $S$-$N$ 曲线相关联的选择,包括多轴应力的选择;双轴应力结果有助于计算在给定位置的情况。

平均应力影响疲劳寿命,并且变换在 $S$-$N$ 曲线的上方位置与下方位置(反映出在给定应力幅下的寿命长短);对于不同的平均应力或应力比值,设计仿真允许输入多重 $S$-$N$ 曲线(实验数据);如果没有太多的多重 $S$-$N$ 曲线(实验数据),那么设计仿真也允许采用多种不同的平均应力修正理论。

### 9.1.3　疲劳分析方法

进行疲劳分析是基于线性静力分析,所以不需对所有的步骤进行详尽的阐述。疲劳分析是在线性静力分析完成后,通过设计仿真自动执行的。

对疲劳工具的添加,无论求解之前还是求解之后都可以进行,因为疲劳计算过程与应力分析过程是相互独立的;尽管疲劳与循环或交变载荷有关,但使用的结果却基于线性静力分析,而不是谐分析。在模型中也可能存在非线性,就须谨慎处理,因为疲劳分析是假设线性行为的。

ANSYS Workbench 2020 R2 平台的疲劳计算目前还不能支持线模型输出应力结果,所以疲劳计算对线体是忽略的。但是线体仍然可以包括在模型中给结构提供可测性,但在疲劳计算时并不参与计算。

由于有线性静力分析,所以需要用到弹性模量(杨氏模量)和泊松比,如果有惯性载荷,则需要输入质量密度;如果有热载荷,则需要输入热膨胀系数和热传导率,如果使用应力工具结果,那么就需要输入应力极限数据,而且该数据也用于疲劳分析中的平均应力修正。

疲劳分析模块也需要用到在工程数据分支下的材料特性当中的 $S$-$N$ 曲线数据,数据类型在"疲劳特性"下会说明;$S$-$N$ 曲线数据是在材料特性分支下的"交变应力循环"选项中输入的,如果用于不同的平均应力或应力比下的情况,需要输入多重 $S$-$N$ 曲线数据到程序。

## 9.2　某型号风源装置静力学疲劳分析

本节主要介绍 Workbench 2020 的静态力学分析模块的疲劳分析功能,计算某型号风源装置在外加载荷下的生命周期与安全系数。

### 9.2.1　问题描述

如图 9-1 所示为某型号风源装置的模型,当其受到一定载荷时,对其进行静力学疲劳分析。

图 9-1　风源装置模型图

## 9.2.2　模型网格划分

本书利用 HyperMesh 进行模型网格的划分,首先将模型导入 HyperMesh 中,对其进行几何清理,然后对所导入的模型划分网格。网格划分方法详见编者的另外一本关于 HyperMesh 的著作《HyperMesh 实用工程技术》。划分完成的网格模型如图 9-2 所示。

图 9-2　风源装置网格模型

## 9.2.3　网格模型的导入

(1) 启动 Workbench 2020 之后,在 Toolbox 中选择 Component Systems,在其中选择 Finite Element Modeler 后右击,弹出快捷菜单,单击 Browser 选项,选择相应的文件,将已经划分好网格的模型导入 Model。之后在 Analysis Systems 组件中选择 Static Structural 并拖拽到右侧的 Project Schematic 里面,最后拖拽 Finite Element Modeler 中的 Model 与 Static Structural 中的 Model 相连接,如图 9-3 所示。

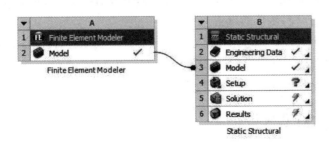

图 9-3　模块创建

（2）完成上述操作之后，双击模块 B 中的 Model，会得到如图 9-4 所示的模型。

图 9-4　模型导入图

（3）显示导入的实体模型之后，在 Outline 目录下单击 Project 中的 Mesh，则会显示如图 9-5 所示的模型网格图，证明模型导入成功。

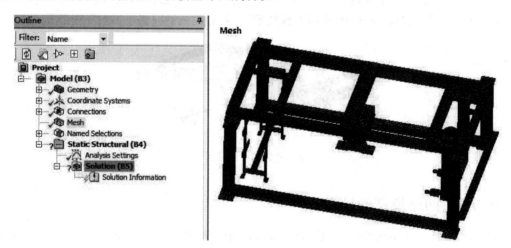

图 9-5　导入模型网格图

### 9.2.4　添加材料库

（1）双击项目 B 中 B2 栏的 Engineering Data，进入如图 9-6 所示的材料参数设置界面，在该界面中即可进行材料参数的设置。

（2）在 Properties of Outline Row 3：Structural Steel 选项框中单击 B12 项，在右侧弹出如图 9-7 所示的循环次数和应力值曲线。

（3）设置完材料属性之后，关闭材料属性设置界面。

### 9.2.5　添加模型材料属性

在 Engineering Data 中设置完成材料属性之后，需要为模型选择相应的材料属性。主要步骤如下：

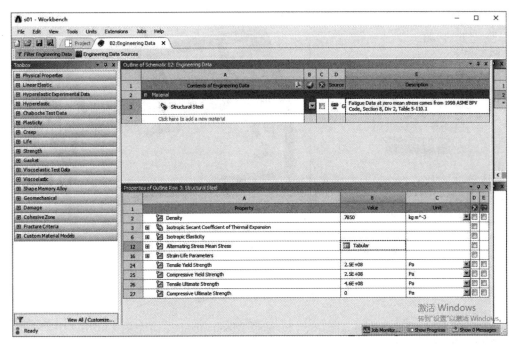

图 9-6　材料参数设置界面

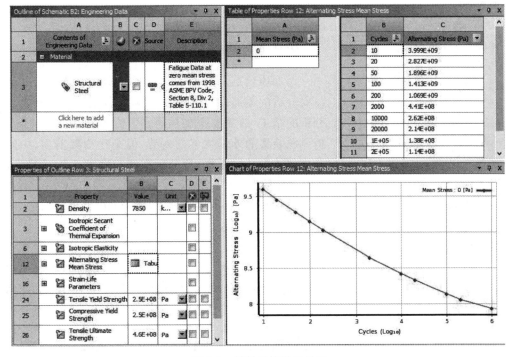

图 9-7　材料属性设置界面

（1）双击主界面项目管理区项目 B 中 B3 栏的 Model，进入如图 9-8 所示的 Mechanical 界面，在该界面中可以进行分析设置、结果观察等操作。

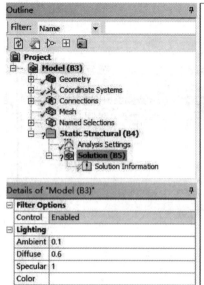

图 9-8　Mechanical 界面

（2）选择 Mechanical 界面左侧 Outline 中 Geometry 选项下的 Surface Body 1，此时可以在 Details of solid 选项框中的 Assignment 中选择模型的材料属性，这里选择 Structural Steel，如图 9-9 所示。

## 9.2.6　添加质量点（非必需步骤）

添加质量点是为了还原在部分模型中省去的其他不需要分析的零部件的质量，这些零部件的质量会影响模型分析的结果，故需要添加质量点。在本模型中，由于只分析风源装置的外部构架的疲劳，但是在构架前面、中间以及尾部装有其他零件，故分别在相应位置添加质量点，其步骤如下：

（1）单击 Mechanical 界面左侧 Outline 中的 Geometry，在上方工具栏出现如图 9-10 所示的选项。

（2）单击 Point Mass，出现如图 9-11 所示的 Details of "Point Mass"选项框。在 Geometry 选项下选择所需要添加的质量点的位置，其添加位置如图 9-12 所示，选择需

图 9-9　材料属性设置

要添加的两个面，并在 Mass 选项下输入质量点的质量 64kg，完成第一个质量点的添加。

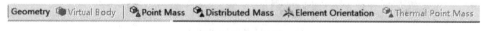

图 9-10　工具栏

（3）完成上述操作后，重复两次操作，添加其余两个质量点，其位置分别如图 9-13、图 9-14 所示，其质量分别为 150kg、73kg。

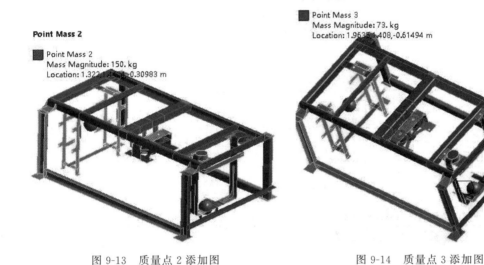

| 图 9-11　Details of "Point Mass"选项框 | 图 9-12　质量点 1 添加图 |
| --- | --- |

| 图 9-13　质量点 2 添加图 | 图 9-14　质量点 3 添加图 |
| --- | --- |

## 9.2.7　施加约束与载荷

（1）选择 Mechanical 界面左侧 Outline 中的 Static Structural（B4）命令，此时会出现如图 9-15 所示的 Environment 工具栏。

（2）选择 Environment 工具栏中的 Supports（约束）→Fixed Support（固定约束）命令，出现如图 9-16 所示的 Fixed Support 选项。

（3）选中 Fixed Support 选项，选择需要施加固定约束的面，单击 Details of "Fixed Support"中 Geometry 选项下的 Apply 按钮，即可在选中面上施加固定约束，如图 9-17 所示。

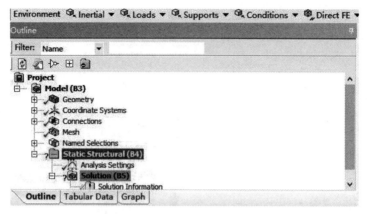

图 9-15　Environment 工具栏

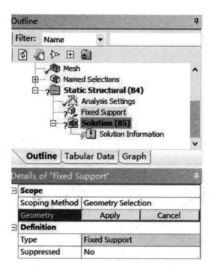

图 9-16　Fixed Support 选项

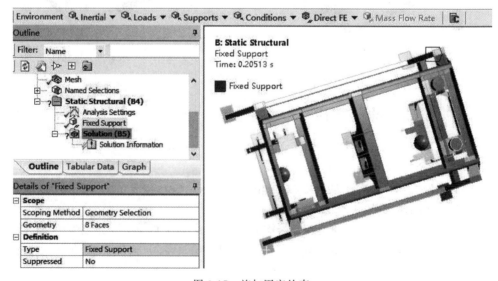

图 9-17　施加固定约束

（4）同步骤（2），选择 Environment 工具栏中的 Loads（载荷）→Pressure（压力）命令，此时在 Outline 中会出现 Pressure 选项，如图 9-18 所示。

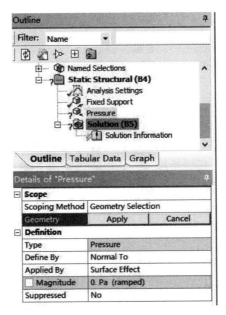

图 9-18　Pressure 选项图

（5）同步骤（3），选中 Pressure，选择需要施加压力的面，单击 Details of "Pressure" 中 Geometry 选项下的 Apply 按钮，同时在 Magnitude 选项下设置压力为 $2\times10^5\,\mathrm{Pa}$ 的面载荷，如图 9-19 所示。

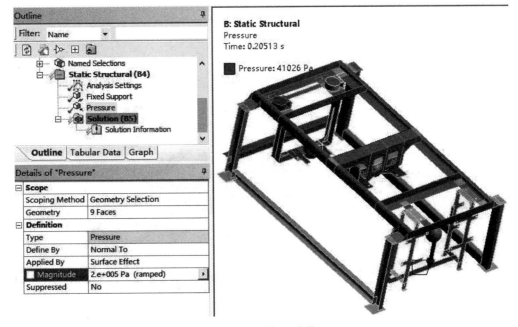

图 9-19　添加面载荷

（6）右击 Outline 中的 Static Structural（B4）选项，在弹出的快捷菜单中选择 Solve 命令，此时弹出求解进度显示条，表示正在求解，如图 9-20 所示。求解完成之后进度条自动消失。

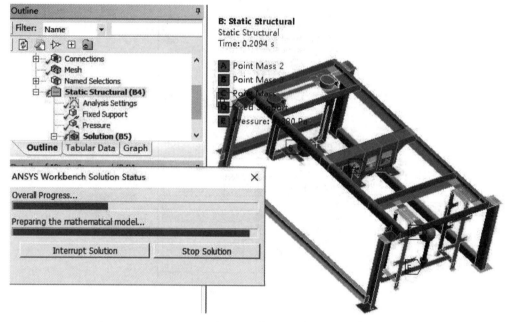

图 9-20　求解过程

### 9.2.8　结果后处理

（1）选择 Mechanical 界面左侧 Outline 中的 Solution（B5），此时会出现如图 9-21 所示的 Solution 工具栏。

图 9-21　Solution 工具栏

（2）选择 Solution 工具栏中的 Stress（应力）→Equivalent（von-Mises）命令，此时在 Outline 中出现 Equivalent Stress（等效应力）选项，如图 9-22 所示。

（3）同步骤（2），选择 Solution 工具栏中的 Strain（应变）→Equivalent（von-Mises）命令，此时在 Outline 中出现 Equivalent Elastic Strain（等效应变）选项，如图 9-23 所示。

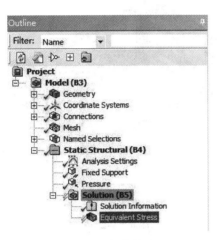
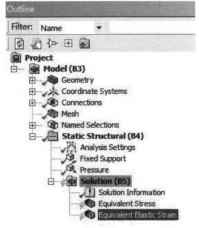

图 9-22　添加等效应力　　　　　　　　　　　图 9-23　添加等效应变

（4）同步骤（2），选择 Solution 工具栏中的 Deformation（变形）→Total 命令，此时在 Outline 中出现 Total Deformation（总变形）选项，如图 9-24 所示。

（5）右击 Outline 中的 Solution(B5)，在弹出的快捷菜单中选择 Equivalent All Results 命令，此时会弹出进度显示条，设置完成后进度显示条会自动消失，其选项前的闪电符号会变为对号"√"，如图 9-25 所示。

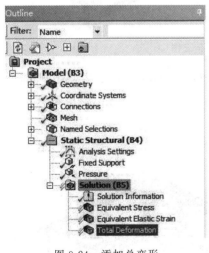
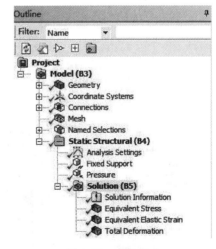

图 9-24　添加总变形　　　　　　　　　　　　图 9-25　求解完成

（6）单击 Outline 中 Solution(B5) 下的 Equivalent Stress 选项，右侧出现如图 9-26 所示的应力分析云图。

（7）单击 Outline 中 Solution(B5) 下的 Equivalent Elastic Strain 选项，右侧出现如

图 9-27 所示的应变分析云图。

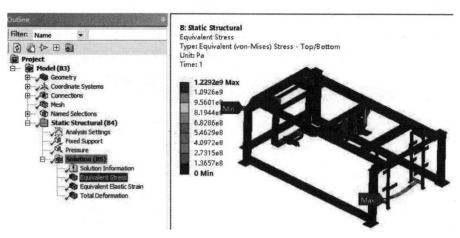

图 9-26　应力分析云图

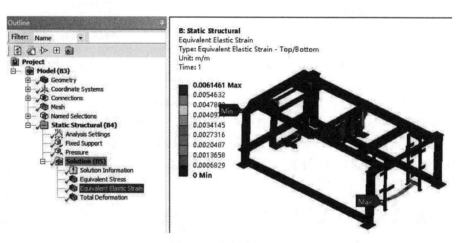

图 9-27　应变分析云图

（8）单击 Outline 中 Solution(B5)下的 Total Deformation 选项，右侧出现如图 9-28 所示的总变形分析云图。

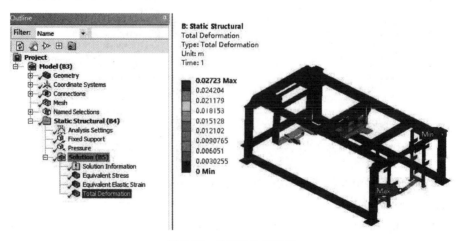

图 9-28　总变形分析云图

### 9.2.9 添加疲劳分析选项

（1）右击 Solution（B5），在弹出的快捷菜单中选择 Insert→Fatigue→Fatigue Tool 命令，会在 Solution（B5）下出现 Fatigue Tool 选项，如图 9-29 所示。

（2）单击 Fatigue Tool 选项，弹出如图 9-30 所示的 Details of "Fatigue Tool"选项框，并进行如下设置：

① 在 Fatigue Strength Factor 栏中将数值更改为 0.8；

② 在 Type 栏中选择 Fully Reserved 选项；

③ 在 Analysis Type 中选择 Stress Life 选项；

④ 在 Stress Component 栏中选择 Equivalent（von Mises）选项。

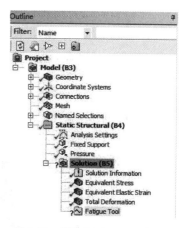

图 9-29　添加 Fatigue Tool

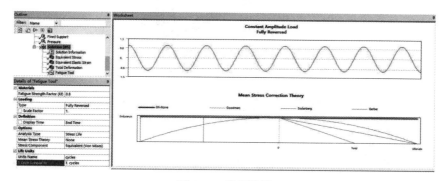

图 9-30　疲劳设置

（3）右击 Fatigue Tool，在弹出的快捷菜单中选择 Insert→Life 命令，会在 Fatigue Tool 下出现 Life 选项，如图 9-31 所示。

（4）同步骤（3），在 Fatigue Tool 中添加 Safety Factor、Fatigue Sensitivity 两个选项，如图 9-32 所示。

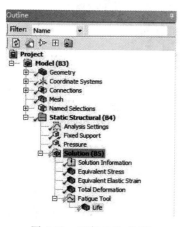

图 9-31　添加 Life 选项

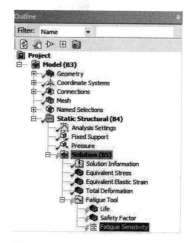

图 9-32　添加 Safety Factor、Fatigue Sensitivity 选项

（5）右击 Fatigue Tool 选项，此时弹出 Equivalent All Results 命令，完成结果处理。

（6）单击 Life 选项，出现疲劳寿命显示云图，如图 9-33 所示。

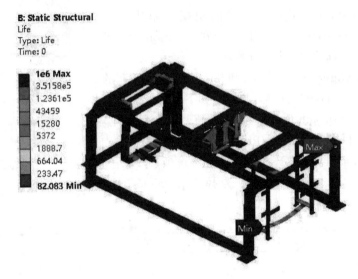

图 9-33　疲劳寿命云图

（7）单击 Safety Factor 选项，显示安全因子云图，如图 9-34 所示。

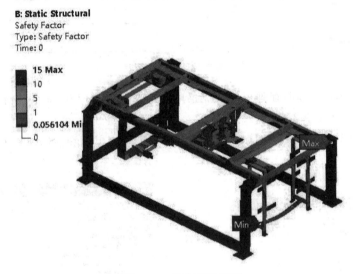

图 9-34　安全因子云图

（8）单击 Fatigue Sensitivity 选项，显示疲劳寿命曲线，如图 9-35 所示。

## 9.2.10　保存与退出

（1）单击 Mechanical 界面右上角的 ✕ 按钮，退出 Mechanical 界面并返回到主界面。

（2）在主界面的工具栏中单击 File，在下拉菜单中选择 Save as（另存为），保存文件。

（3）单击主界面右上角的关闭按钮，关闭主界面，完成分析。

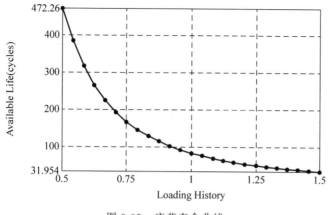

图 9-35　疲劳寿命曲线

# 9.3　某型号风源装置动力学疲劳分析

本节主要介绍 Workbench 2020 的动力学疲劳分析功能,计算某型号风源装置在外加加速度下的生命周期与安全系数。

## 9.3.1　问题描述

如图 9-36 所示为某型号风源装置的模型,在其高速运行的过程中,存在 Y 向的加速度,对其进行动力学疲劳分析。

图 9-36　某型号风源装置的模型

## 9.3.2　模型网格划分

模型网格划分同 9.2.2 小节。

## 9.3.3　网格模型的导入

启动 Workbench 2020 之后,在 Toolbox 中选择 Component Systems,在其中选择 Finite Element Modeler 后右击,弹出快捷菜单,单击 Browser 选项,选择相应的文件,将已

经划分好网格的模型导入 Model。之后在 Analysis Systems 组件中选择 Transient Structural 并拖拽到右侧的 Project Schematic 里面,最后拖拽 Finite Element Modeler 中的 Model 与 Transient Structural 中的 Model 相连接,如图 9-37 所示。

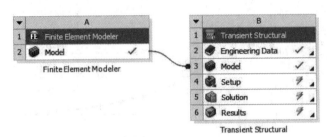

图 9-37　创建模块图

### 9.3.4　添加及设置材料属性

添加材料如 9.2.4 小节所示,双击主界面项目管理区项目 B 中 B2 栏的 Model,进入如图 9-38 所示的 Mechanical 界面,在该界面中可以查看已经导入的网格模型,进行分析设置以及观察结果。

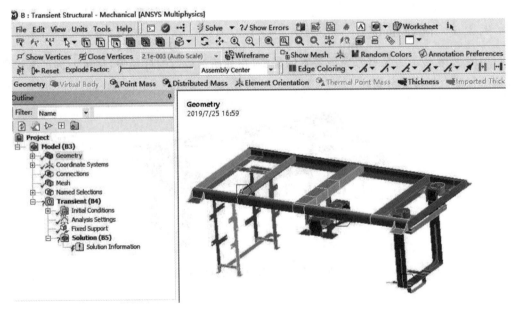

图 9-38　Mechanical 界面

### 9.3.5　分析属性设置

(1) 添加质量点:如 9.2.6 小节所述,分别设置 3 个位置的质量点。

(2) 施加约束:如 9.2.7 小节所述,设置 8 个面的固定约束。

(3) Details of "Analysis Settings"如图 9-39 所示,并进行如下设置:

① 在 Number Of Steps 栏中输入 1；

② 在 Step End Time 栏中输入 1.e-003s，设置第一个时间步结束的时间为 0.001s；

③ 在 Number Of Substeps 栏中输入 5，设置子时间步为 5 步；

④ 其余采用默认设置。

### 9.3.6　施加加速度

由于为动疲劳分析，故需要施加加速度，步骤如下：

（1）选择 Mechanical 界面左侧 Outline 中的 Transient（B4），在 Environment 工具栏中选择

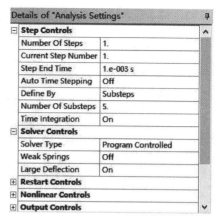

图 9-39　分析设置

Inertial→Standard Earth Gravity 命令，添加重力加速度，如图 9-40 所示。

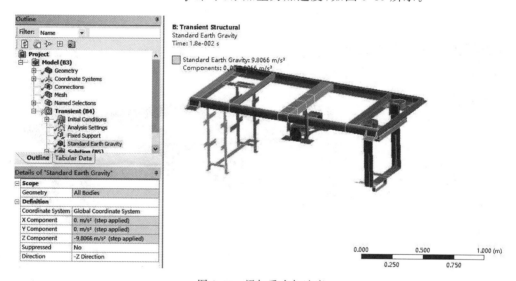

图 9-40　添加重力加速度

（2）选择 Transient（B4），在 Environment 工具栏中选择 Inertial→Acceleration 命令，并在 Details of "Acceleration"选项框的 Define By 栏中选择 Components，在 Y 方向输入加速度值为 100，如图 9-41 所示。

（3）右击 Outline 中的 Transient（B4）选项，在弹出的快捷菜单中选择 Solve 命令，此时弹出求解进度显示条，表示正在求解。求解完成之后进度条自动消失。

### 9.3.7　结果后处理

同 9.2.8 节所述，分别添加等效应力、等效应变与总变形，对其进行结果显示。

（1）单击 Outline 中 Solution（B5）下的 Equivalent Stress 选项，右侧出现如图 9-42 所示的应力分析云图。

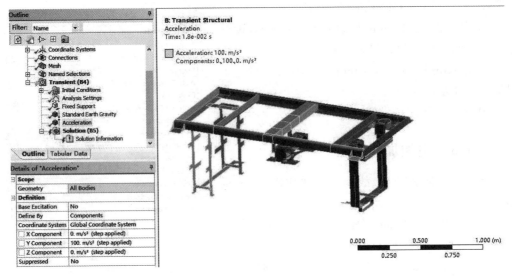

图 9-41　添加 Acceleration

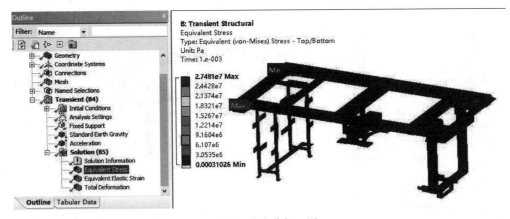

图 9-42　应力分析云图

（2）单击 Outline 中 Solution(B5)下的 Equivalent Elastic Strain 选项，右侧出现如图 9-43 所示的应变分析云图。

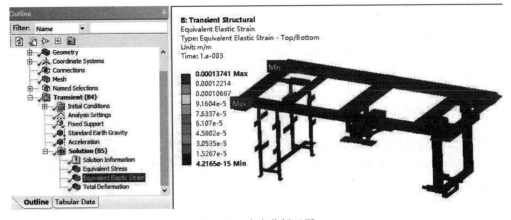

图 9-43　应变分析云图

（3）单击 Outline 中 Solution(B5)下的 Total Deformation 选项，右侧出现如图 9-44 所示的总变形分析云图。

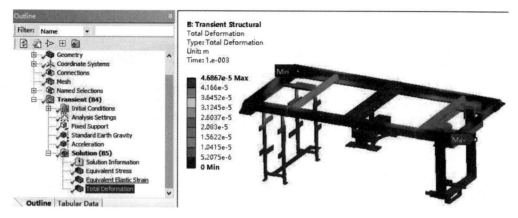

图 9-44　总变形分析云图

## 9.3.8　添加疲劳分析选项

（1）右击 Solution(B5)，在弹出的快捷菜单中选择 Insert→Fatigue→Fatigue Tool 命令，会在 Solution(B5)下出现 Fatigue Tool 选项。

（2）单击 Fatigue Tool 选项，对其进行设置。

（3）右击 Fatigue Tool 选项，在弹出的快捷菜单中选择 Insert→Life 命令，会在 Fatigue Tool 下出现 Life 选项。

（4）同步骤（3），在 Fatigue Tool 中添加 Safety Factor、Fatigue Sensitivity 两个选项。

（5）右击 Fatigue Tool 选项，此时弹出 Equivalent All Results 命令，完成结果处理。

（6）单击 Life，显示疲劳寿命云图，如图 9-45 所示。

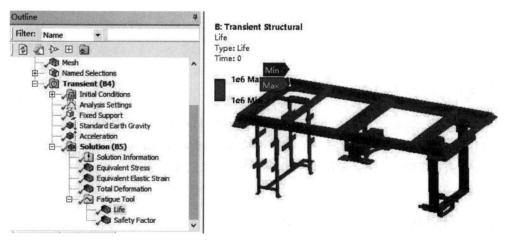

图 9-45　疲劳寿命云图

（7）单击 Safety Factor 选项，显示安全因子云图，如图 9-46 所示。

（8）单击 Fatigue Sensitivity 选项，显示疲劳寿命曲线，如图 9-47 所示。

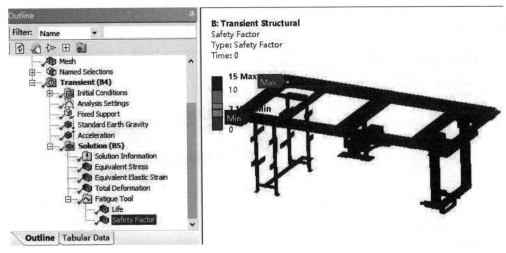

图 9-46　安全因子云图

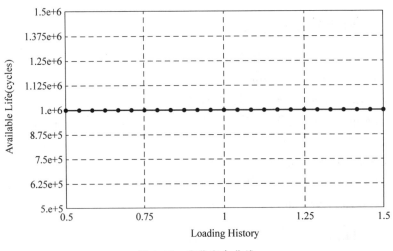

图 9-47　疲劳寿命曲线

### 9.3.9　保存与退出

（1）单击 Mechanical 界面右上角的 ✕ 按钮，退出 Mechanical 界面并返回到主界面。

（2）在主界面的工具栏中单击 File，在下拉菜单中选择 Save as（另存为），保存文件。

（3）单击主界面右上角的关闭按钮，关闭主界面，完成分析。

## 9.4　本章小结

本章主要利用同一个风源装置模型分别进行了静态疲劳与动态疲劳的分析，并介绍了相关步骤，分别给出了静疲劳与动疲劳的区别与联系，同时得出两种疲劳状态下的疲劳寿命云图、安全因子云图与相应的疲劳寿命曲线。

## 习题

对如图所示的简单钢柱进行疲劳分析,钢柱尺寸:底面半径60mm,高度200mm;边界条件:一底面固支,另一底面受扭矩10000N·m;试用多重 S-N 曲线进行求解。

# 10

## 冲击分析案例详解

本章主要介绍某型号风源装置在受到不断变化的冲击载荷时的冲击分析步骤与过程，并分别给出其应力云图、应变云图、总变形云图。

## 10.1 冲击分析简介

冲击分析其实是瞬态动力学分析的一种，它主要分析模型在受到冲击载荷时的等效应力、等效应变与整体位移变形。

冲击分析是时域分析，是分析结构在随时间任意变化的载荷作用下，动力响应过程的技术。其输入数据是作为时间函数的载荷，而输出数据是随时间变化的位移或其他输出量，如应力、应变等。

冲击分析具有广泛的应用。承受各种冲击载荷的结构，如汽车的门、缓冲器、车架、悬挂系统等，承受各种随时间变化的载荷的结构，如桥梁、建筑物等，以及承受撞击和颠簸的家电和设备，如电话、电脑、真空吸尘器等，都可以用瞬态动力学分析来对它们的动力响应过程中的刚度、强度进行计算模拟。

冲击分析包括线性和非线性两种类型。所谓线性分析，是指模型中不包括任何非线性行为的分析，适用于线性材料、小位移、小应变、刚度不变的结构瞬态动力学分析，其算法有两种：直接法和模态叠加法。非线性分析具有更广泛的应用，可以考虑各种非线性行为，如材料非线性、大变形、大位移、接触、碰撞等。

## 10.2 某型号风源装置的冲击分析

本节主要介绍某型号风源装置受到 Z 向的加速度时的冲击分析过程及相应步骤。

### 10.2.1 问题描述

如图 10-1 所示为风源装置模型，计算该模型在如表 10-1 所示的 Z 向加速度谱下的响应。

图 10-1　某型号风源装置模型

**表 10-1　Z 向加速度谱数据**

| 步　数 | 时间步/s | Z 向加速度/(m/s$^2$) | 步　数 | 时间步/s | Z 向加速度/(m/s$^2$) |
|---|---|---|---|---|---|
| 1 | 0.001 | 0 | 17 | 0.017 | 49.727 |
| 2 | 0.002 | 5.226 | 18 | 0.018 | 48.908 |
| 3 | 0.003 | 10.395 | 19 | 0.019 | 47.555 |
| 4 | 0.004 | 15.449 | 20 | 0.02 | 45.68 |
| 5 | 0.005 | 20.335 | 21 | 0.021 | 43.305 |
| 6 | 0.006 | 24.997 | 22 | 0.022 | 40.457 |
| 7 | 0.007 | 29.387 | 23 | 0.023 | 37.165 |
| 8 | 0.008 | 33.453 | 24 | 0.024 | 33.465 |
| 9 | 0.009 | 37.153 | 25 | 0.025 | 29.398 |
| 10 | 0.010 | 40.437 | 26 | 0.026 | 25.01 |
| 11 | 0.011 | 43.298 | 27 | 0.027 | 20.348 |
| 12 | 0.012 | 45.675 | 28 | 0.028 | 15.464 |
| 13 | 0.013 | 47.55 | 29 | 0.029 | 10.410 |
| 14 | 0.014 | 48.905 | 30 | 0.030 | 5.2415 |
| 15 | 0.015 | 49.725 | 31 | 0.031 | 0 |
| 16 | 0.016 | 50.000 | 32 | 0.100 | 0 |

## 10.2.2　模型网格划分

本书利用 HyperMesh 进行模型网格的划分,首先将模型导入 HyperMesh 中,对其进行几何清理,然后对所导入的模型划分网格。网格划分方法详见编者的另外一本关于 HyperMesh 的著作《HyperMesh 实用工程技术》。划分完成的网格模型如图 10-2 所示。

图 10-2　风源装置网格模型

### 10.2.3 网格模型的导入

（1）启动 Workbench 2020 之后，在 Toolbox 中选择 Component Systems，在其中选择 Finite Element Modeler 后右击，弹出快捷菜单，单击 Browser 选项，选择相应的文件，将已经划分好网格的模型导入 Model。之后在 Analysis Systems 组件中选择 Transient Structural 并拖拽到右侧的 Project Schematic 里面，最后拖拽 Finite Element Modeler 中的 Model 与 Transient Structural 中的 Model 相连接，如图 10-3 所示。

（2）完成上述操作之后，双击模块 B 中的 Model，会得到如图 10-4 所示的模型。

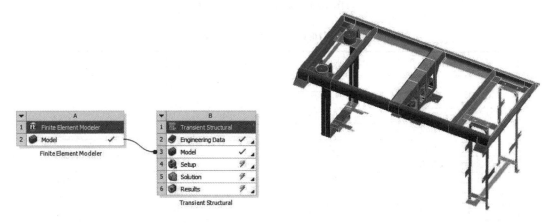

图 10-3　模块创建　　　　　　　　　　　　　图 10-4　模型导入图

（3）显示导入的实体模型之后，在 Outline 目录下单击 Project 中的 Mesh，则会显示如图 10-5 所示的模型网格图，证明模型导入成功。

图 10-5　模型网格

### 10.2.4 添加材料库

（1）双击项目 B 中 B2 栏的 Engineering Data，进入如图 10-6 所示的材料参数设置界面，在该界面中即可进行材料参数的设置。

（2）在 Properties of Outline Row3：Structural Steel 选项框中单击 B12 项，在右侧弹出

如图 10-7 所示的循环次数和应力值曲线。

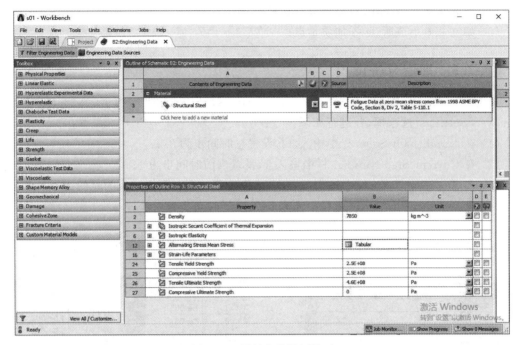

图 10-6  材料参数设置界面

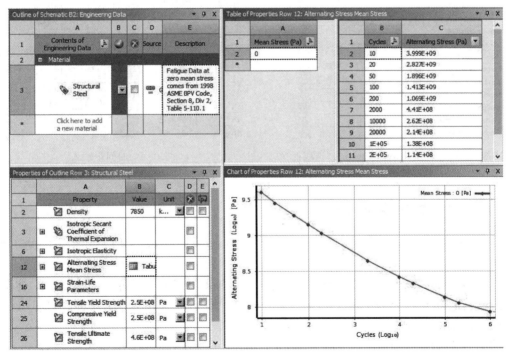

图 10-7  材料属性设置界面

（3）设置完材料属性之后，关闭材料属性设置界面。

（4）如 9.2.5 小节所述，对模型进行材料设置。

（5）如 9.2.6 小节所述，添加质量点。

### 10.2.5　冲击分析设置

单击 Transient（B4）下面的 Analysis Settings，出现如图 10-8 所示的 Details of "Analysis Settings"选项框，并进行如下设置：

（1）在 Number Of Steps 栏中输入 32，设置总时间步为 32；

（2）在 Current Step Number 栏中输入 1，设置当前时间步为 1；

（3）在 Step End Time 栏中输入 1.e-003s，设置第一个时间步结束的时间为 0.001s；

（4）在 Number Of Substeps 栏中输入 5，设置子时间步为 5 步；

（5）其余采用默认设置；

（6）采用同样的方法设置其余 31 个时间步上的参数，完成后如图 10-9 所示。

| Details of "Analysis Settings" | |
|---|---|
| **Step Controls** | |
| Number Of Steps | 32. |
| Current Step Number | 1. |
| Step End Time | 1.e-003 s |
| Auto Time Stepping | Off |
| Define By | Substeps |
| Number Of Substeps | 5. |
| Time Integration | On |
| **Solver Controls** | |
| Solver Type | Program Controlled |
| Weak Springs | Off |
| Large Deflection | On |
| **Restart Controls** | |
| **Nonlinear Controls** | |
| **Output Controls** | |
| **Damping Controls** | |
| **Analysis Data Management** | |

图 10-8　Details of "Analysis Settings"选项框

| Tabular Data | | |
|---|---|---|
| | Steps | End Time [s] |
| 1 | 1 | 1.e-003 |
| 2 | 2 | 2.e-003 |
| 3 | 3 | 3.e-003 |
| 4 | 4 | 4.e-003 |
| 5 | 5 | 5.e-003 |
| 6 | 6 | 6.e-003 |
| 7 | 7 | 7.e-003 |
| 8 | 8 | 8.e-003 |
| 9 | 9 | 9.e-003 |
| 10 | 10 | 1.e-002 |
| 11 | 11 | 1.1e-002 |
| 12 | 12 | 1.2e-002 |
| 13 | 13 | 1.3e-002 |
| 14 | 14 | 1.4e-002 |
| 15 | 15 | 1.5e-002 |
| 16 | 16 | 1.6e-002 |

| Tabular Data | | |
|---|---|---|
| | Steps | End Time [s] |
| 17 | 17 | 1.7e-002 |
| 18 | 18 | 1.8e-002 |
| 19 | 19 | 1.9e-002 |
| 20 | 20 | 2.e-002 |
| 21 | 21 | 2.1e-002 |
| 22 | 22 | 2.2e-002 |
| 23 | 23 | 2.3e-002 |
| 24 | 24 | 2.4e-002 |
| 25 | 25 | 2.5e-002 |
| 26 | 26 | 2.6e-002 |
| 27 | 27 | 2.7e-002 |
| 28 | 28 | 2.8e-002 |
| 29 | 29 | 2.9e-002 |
| 30 | 30 | 3.e-002 |
| 31 | 31 | 3.1e-002 |
| 32 | 32 | 0.1 |

图 10-9　时间步输入

### 10.2.6　施加载荷与约束

（1）选择 Mechanical 界面左侧 Outline 中的 Transient（B4）命令，此时会出现如图 10-10 所示的 Environment 工具栏。

（2）选择 Environment 工具栏中的 Supports（约束）→Fixed Support（固定约束）命令，出现 Fixed Support 选项，单击 Fixed Support 选项，出现如图 10-11 所示的 Details of "Fixed Support"选项框。

（3）选择需要施加固定约束的面，单击 Details of "Fixed Support"选项框中 Geometry 选项下的 Apply 按钮，即可在选中面上施加固定约束，如图 10-12 所示。

（4）同步骤（2），选择 Environment 工具栏中的 Inertial→Acceleration 命令，并在如图 10-13 所示的 Details of "Acceleration"选项框中进行如下设置：

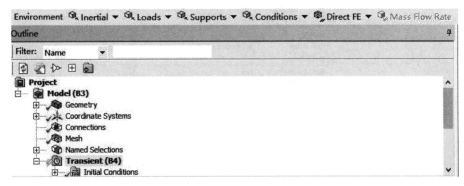

图 10-10 Environment 工具栏

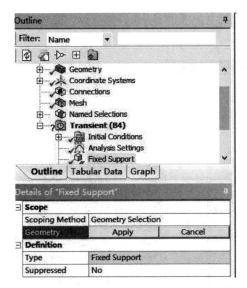

图 10-11 Details of "Fixed Support"选项框

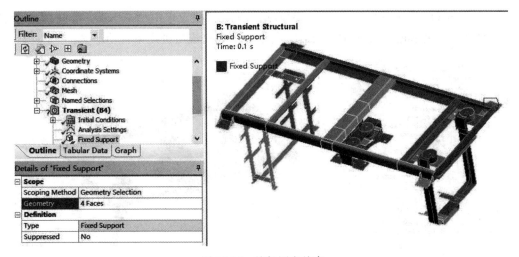

图 10-12 施加固定约束

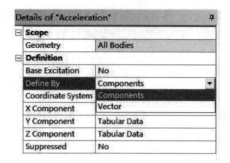

图 10-13　Details of "Acceleration"选项框

在 Define By 栏 中 选 择 Components 选 项，此 时 会 在 下 面 出 现 X Component、Y Component、Z Component 三个输入栏，将表 10-1 中的加速度数值输入到 Tabular Data 表中，输入完成后如图 10-14 所示。

| | Steps | Time [s] | ☑ X [m/s²] | ☑ Y [m/s²] | ☑ Z [m/s²] |
|---|---|---|---|---|---|
| 1 | 1 | 0. | 0. | 0. | 0. |
| 2 | 1 | 1.e-003 | 0. | 0. | 5.2258 |
| 3 | 2 | 2.e-003 | 0. | 0. | 10.395 |
| 4 | 3 | 3.e-003 | 0. | 0. | 15.449 |
| 5 | 4 | 4.e-003 | 0. | 0. | 20.335 |
| 6 | 5 | 5.e-003 | 0. | 0. | 24.997 |
| 7 | 6 | 6.e-003 | 0. | 0. | 29.387 |
| 8 | 7 | 7.e-003 | 0. | 0. | 33.453 |
| 9 | 8 | 8.e-003 | 0. | 0. | 37.153 |
| 10 | 9 | 9.e-003 | 0. | 0. | 40.437 |
| 11 | 10 | 1.e-002 | 0. | 0. | 43.298 |
| 12 | 11 | 1.1e-002 | 0. | 0. | 45.675 |
| 13 | 12 | 1.2e-002 | 0. | 0. | 47.55 |
| 14 | 13 | 1.3e-002 | 0. | 0. | 48.905 |
| 15 | 14 | 1.4e-002 | 0. | 0. | 49.725 |
| 16 | 15 | 1.5e-002 | 0. | 0. | 50. |

| | Steps | Time [s] | ☑ X [m/s²] | ☑ Y [m/s²] | ☑ Z [m/s²] |
|---|---|---|---|---|---|
| 16 | 15 | 1.5e-002 | 0. | 0. | 50. |
| 17 | 16 | 1.6e-002 | 0. | 0. | 49.727 |
| 18 | 17 | 1.7e-002 | 0. | 0. | 48.908 |
| 19 | 18 | 1.8e-002 | 0. | 0. | 47.555 |
| 20 | 19 | 1.9e-002 | 0. | 0. | 45.68 |
| 21 | 20 | 2.e-002 | 0. | 0. | 43.305 |
| 22 | 21 | 2.1e-002 | 0. | 0. | 40.457 |
| 23 | 22 | 2.2e-002 | 0. | 0. | 37.165 |
| 24 | 23 | 2.3e-002 | 0. | 0. | 33.465 |
| 25 | 24 | 2.4e-002 | 0. | 0. | 29.398 |
| 26 | 25 | 2.5e-002 | 0. | 0. | 25.01 |
| 27 | 26 | 2.6e-002 | 0. | 0. | 20.348 |
| 28 | 27 | 2.7e-002 | 0. | 0. | 15.464 |
| 29 | 28 | 2.8e-002 | 0. | 0. | 10.41 |
| 30 | 29 | 2.9e-002 | 0. | 0. | 5.2415 |
| 31 | 30 | 3.e-002 | 0. | 0. | 49.727 |
| 32 | 31 | 3.1e-002 | 0. | 0. | 0. |
| 33 | 32 | 0.1 | 0. | 0. | 0. |

图 10-14　Z 向加速度输入

（5）右击 Outline 中的 Transient(B4)，在弹出的快捷菜单中单击 Solve 命令，此时会弹出进度显示条，表示正在求解，如图 10-15 所示。求解完成后进度条自动消失。

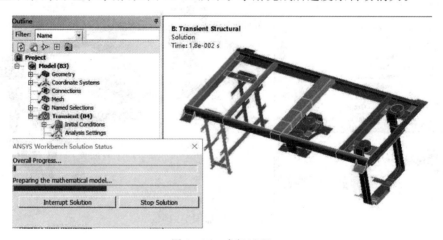

图 10-15　求解过程

### 10.2.7　结果后处理

（1）选择 Solution 工具栏中的 Stress（应力）→Equivalent（von-Mises）命令，此时在 Outline 中会出现 Equivalent Stress（等效应力）选项，右击 Outline 中的 Solution(B5)，在弹出的快捷菜单中选择 Equivalent All Results 命令，则会完成结果处理，得到如图 10-16 所示的应力分析云图。

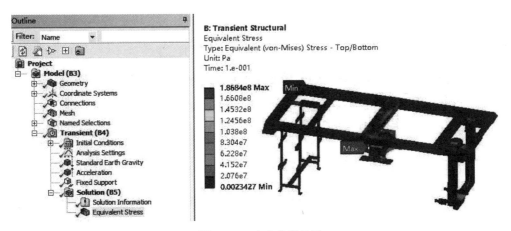

图 10-16　应力分析云图

（2）单击 Graph 出现应力分布曲线，如图 10-17 所示。

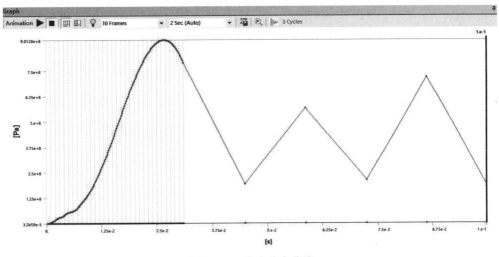

图 10-17　应力分布曲线

### 10.2.8　保存与退出

（1）单击 Mechanical 界面右上角的 ✕ 按钮，退出 Mechanical 界面并返回到主界面。

（2）在主界面的工具栏中单击 File，在下拉菜单中选择 Save as（另存为），保存文件。

（3）单击主界面右上角的关闭按钮，关闭主界面，完成分析。

## 10.3　本章小结

　　本章对同一个风源装置模型进行了瞬态动力学分析,主要分析了模型在受到冲击载荷时的等效应力、等效应变与整体变形,并介绍了相关步骤,同时得出应力云图、应变云图、总形变云图。

## 习题

　　1. 需要用 Workbench 的哪些模块来进行冲击分析?

　　2. 冲击分析的步骤是什么?

# 11

## 流体动力学分析

Workbench FLUENT 是一种数值模拟计算、迭代、后处理软件，专门应用于分析流体力学、质量、热量传递。本章主要讲解 Workbench FLUENT 软件的流体动力学分析流程，介绍 Workbench FLUENT 内流场的流体分布计算过程。

## 11.1 流体动力学分析简介

计算流体动力学是流体动力学(fluid dynamics,FD)的一个分支，如今已经广泛应用于热能动力、航空航天、机械、土木水利、环境、化工等诸多工程领域。

### 11.1.1 流体动力学应用简介

**1. 计算流体动力学技术简介**

流体流动的数值模拟即在计算机上做实验。它在计算域内离散空气流动所遵循的流体动力学方程组，将强烈非线性的偏微分方程组转变为代数方程组，再采用一定的数值计算技术求解，从而获得整个计算区域内流场分布的详细信息，最后可将结果用计算机图形学技术形象直观地表示出来。

CFD 方法与传统的理论分析方法、实验测量方法组成了研究流体流动问题的完整体系。

理论分析方法的优点在于所得结果具有普遍性，各种影响因素清晰可见，它是指导实验研究和验证新的数值计算方法的理论基础。但是，它往往要求对计算对象进行抽象和简化，才有可能得出理论解。对于非线性情况，只有少数流体才能给出解析结果。

实验测量方法所得到的实验结果真实可信，它是理论分析和数值方法的基础，其重要性不容低估。然而，实验往往受到模型尺寸、流场扰动、人身安全和测量精度的限制，有时可能很难通过试验办法得到结果。此外，实验还会遇到经费投入、人力和物力的巨大耗费及周期长等许多困难。

而 CFD 方法恰好克服了前面两种方法的弱点，可以在计算机上实现一个特定的计算，就好像在计算机上做一次物理实验。数值模拟可以形象地再现流动情景，与做实验没有什么区别。

**2. 计算流体动力学的特点**

CFD的优点是适应性强、应用面广。首先,流动问题的控制方程一般是非线性的,自变量多,计算域的几何形状和边界条件复杂,很难求得解析解,而用CFD方法则有可能找出满足工程需要的数值解;其次,可利用计算机进行各种数值试验,例如,选择不同流动参数进行物理方程中各项有效性和敏感性试验,从而进行方案比较;最后,它不受物理模型和实验模型的限制,省钱省时,有较多的灵活性,能给出详细和完整的资料,并且很容易模拟特殊尺寸、高温、有毒、易燃等真实条件和实验中只能接近而无法达到的理想条件。

CFD也存在一定的局限性。第一,数值解法是一种离散近似的计算方法,依赖于物理上合理、数学上适用、适合于在计算机上进行计算的离散的有限数学模型,且最终结果不能提供任何形式的解析表达式,只是有限个离散点上的数值解,并有一定的计算误差。第二,它不像物理模型实验一开始就能给出流动现象并定性地描述,往往需要由原流体观测或物理模型试验提供某些流动参数,并需要对建立的数学模型进行验证。第三,程序的编制及资料的收集、整理与正确利用,在很大程度上依赖于经验与技巧。此外,因数值处理方法等原因有可能导致计算结果的不真实,如产生数值黏性和频散等伪物理效应。

当然,某些缺点或局限性可通过某种方式克服或弥补,这在本书中会有相应介绍。此外,CFD涉及大量数值计算,因此,常需要较高的计算机软硬件配置。

CFD有其原理、方法和特点,数值计算与理论分析、实验观测相互联系、相互促进,但不能完全替代,三者各有各的适用场合。在实际工作中,需要注意三者的有机结合,争取做到取长补短。

**3. 计算流体动力学的应用领域**

近十多年来,CFD有了很大的发展,替代了经典流体动力学中的一些近似计算法和图解法。过去的一些典型教学实验,如雷诺(Reynolds)实验,现在完全可以借助CFD手段在计算机上实现。所有涉及流体流动、热交换、分子输运等现象的问题,几乎都可以通过计算流体动力学的方法进行分析和模拟。

CFD不仅作为一个研究工具,还作为设计工具在水利工程、土木工程、环境工程、食品工程、海洋结构工程、工业制造等领域发挥作用。典型的应用场合及相关的工程问题包括以下几种:

- 水轮机、风机和泵等流体机械内部的流体流动。
- 飞机和航天飞机等飞行器的设计。
- 汽车流线外形对性能的影响。
- 洪水波及河口潮流计算。
- 风载荷对高层建筑物稳定性及结构性能的影响。
- 温室及室内的空气流动及环境分析。
- 电子元器件的冷却。
- 换热器性能分析及换热器片形状的选取。
- 河流中污染物的扩散。
- 汽车尾气对街道环境的污染。
- 食品中细菌的运动。

对这些问题的处理,过去主要借助于基本的理论分析和大量的物理模型实验,而现在大多采用 CFD 的方式加以分析和解决,CFD 技术现已发展到完全可以分析三维黏性湍流及旋涡运动等复杂问题的程度。

**4. 计算流体动力学的分支**

经过 40 多年的发展,CFD 出现了多种数值解法。这些方法之间的主要区别在于对控制方程的离散方式。根据离散的原理不同,CFD 大体上可分为 3 个分支:有限差分法(finite difference method,FDM)、有限元法(finite element method,FEM)、有限体积法(finite volume method,FVM)。

有限差分法是应用最早、最经典的 CFD 方法,它将求解域划分为差分网格,用有限个网格节点代替连续的求解域,然后将偏微分方程的导数用差商代替,推导出含有离散点的有限个未知数的差分方程组。求出差分方程组的解,就是微分方程定解问题的数值近似解。它是一种直接将微分问题变为代数问题的近似数值解法。这种方法发展较早,比较成熟,较多地用于求解双曲型和抛物型问题。在此基础上发展起来的方法有质点网格(particle-in-cell,PIC)法、标记网格(marker-and-cell,MAC)法,以及由美籍华人学者陈景仁提出的有限分析法(finite analytic method)等。

有限元法是 20 世纪 80 年代开始应用的一种数值解法,它是既吸收了有限差分法中离散处理的内核,又采用了变分计算中选择逼近函数对区域进行积分的合理方法。有限元法因求解速度比有限差分法和有限体积法慢,因此应用不是特别广泛。在有限元法的基础上,英国 C. A. 布雷比亚(C. A. Brebbia)等提出了边界元法和混合元法等方法。

有限体积法是将计算区域划分为一系列控制体积,将待解微分方程对每一个控制体积积分得出离散方程。有限体积法的关键是:在导出离散方程过程中,需要对界面上的被求函数本身及其导数的分布做出某种形式的假定。用有限体积法导出的离散方程可以保证具有守恒特性,而且离散方程系数物理意义明确,计算量相对较小。

1980 年,S. V. 帕坦卡(S. V. Patanker)在其专著《数值传热和流体流动》(*Numerical Heat Transfer and Fluid Flow*)中对有限体积法做了全面的阐述。此后,该方法得到了广泛应用,是目前 CFD 应用最广的一种方法。当然,对这种方法的研究和扩展也在不断进行,如 P. 周(P. Chow)提出了适用于任意多边形非结构网格的扩展有限体积法等。

## 11.1.2　基本控制方程

**1. 质量守恒方程(连续性方程)**

连续性微分方程是根据微元体的质量守恒推导出的,形式为

$$\frac{\partial u}{\partial x} + \frac{\partial v}{\partial y} = 0 \tag{11-1}$$

式中,$u$、$v$——$x$、$y$ 方向的速度。

**2. 动量微分方程(连续性方程)**

动量微分方程是根据微元体的动量守恒推导出的,结果如下:

$x$ 方向的动量微分方程为

$$\rho\left(\frac{\partial u}{\partial \tau} + u\,\frac{\partial u}{\partial x} + v\,\frac{\partial u}{\partial y}\right) = F_x - \frac{\partial p}{\partial x} + \eta\left(\frac{\partial^2 u}{\partial x^2} + \frac{\partial^2 u}{\partial y^2}\right) \tag{11-2}$$

或表示为

$$\rho\,\frac{Du}{d\tau} = F_x - \frac{\partial p}{\partial x} + \eta\,\nabla^2 u \tag{11-3}$$

$y$ 方向的动量微分方程为

$$\rho\left(\frac{\partial v}{\partial \tau} + u\,\frac{\partial v}{\partial x} + v\,\frac{\partial v}{\partial y}\right) = F_y - \frac{\partial p}{\partial y} + \eta\left(\frac{\partial^2 v}{\partial x^2} + \frac{\partial^2 v}{\partial y^2}\right) \tag{11-4}$$

或表示为

$$\rho\,\frac{Dv}{d\tau} = F_y - \frac{\partial p}{\partial y} + \eta\,\nabla^2 v \tag{11-5}$$

动量微分方程表示微元体动量的变化等于作用在微元体上的外力之和。方程式等号左边表示动量的变化,也称为惯性力项;等号右边第一项是体积力项,第二项为压力梯度项,第三项为黏性力项。

**3. 能量守恒方程**

能量守恒方程是根据微元体的能量守恒导出的。在上述假设条件下,如果不考虑位能和动能的变化,则微元体的能量守恒可表述为:单位时间由导热进入微元体的净热量 $\Phi_\lambda$ 和由对流进入微元体的净热量 $\Phi_h$ 之和等于微元体热力学能的增加 $\frac{dU}{d\tau}$,即

$$\Phi_\lambda + \Phi_h = \frac{dU}{d\tau} \tag{11-6}$$

单位时间内由导热进入微元体的净热量 $\Phi_\lambda$ 已在微分方程的推导中得出,即推导得出

$$\rho c_p\left(\frac{\partial t}{\partial \tau} + u\,\frac{\partial t}{\partial x} + v\,\frac{\partial t}{\partial y}\right) = \lambda\left(\frac{\partial^2 t}{\partial x^2} + \frac{\partial^2 t}{\partial y^2}\right) \tag{11-7}$$

该式就是常物性、无内热源、不可压缩牛顿流体方程,可改写为

$$\frac{dt}{d\tau} = a\nabla^2 t \tag{11-8}$$

如果流体静止,则 $u = v = 0$,微分方程为

$$\frac{\partial t}{\partial \tau} = a\nabla^2 t \tag{11-9}$$

常物性、无内热源、不可压缩牛顿流体二维的方程为

$$\begin{cases} \dfrac{\partial u}{\partial x} + \dfrac{\partial v}{\partial y} = 0 \\[2mm] \rho\left(\dfrac{\partial u}{\partial \tau} + u\,\dfrac{\partial u}{\partial x} + v\,\dfrac{\partial u}{\partial y}\right) = F_x - \dfrac{\partial p}{\partial x} + \eta\left(\dfrac{\partial^2 u}{\partial x^2} + \dfrac{\partial^2 u}{\partial y^2}\right) \\[2mm] \rho\left(\dfrac{\partial v}{\partial \tau} + u\,\dfrac{\partial v}{\partial x} + v\,\dfrac{\partial v}{\partial y}\right) = F_y - \dfrac{\partial p}{\partial y} + \eta\left(\dfrac{\partial^2 v}{\partial x^2} + \dfrac{\partial^2 v}{\partial y^2}\right) \\[2mm] \rho c_p\left(\dfrac{\partial t}{\partial \tau} + u\,\dfrac{\partial t}{\partial x} + v\,\dfrac{\partial t}{\partial y}\right) = \lambda\left(\dfrac{\partial^2 t}{\partial x^2} + \dfrac{\partial^2 t}{\partial y^2}\right) \end{cases} \tag{11-10}$$

4 个微分方程含有 4 个未知量($u$、$v$、$p$、$t$),方程组封闭。原则上,方程组对于满足上述

假定条件的对流换热(强迫、自然、层流、湍流换热)都适用。

# 11.2 伺服阀动密封流体动力学分析

本节主要介绍 Workbench 2020 的流体动力学分析模块 Workbench FLUENT,计算伺服阀动密封特性。

## 11.2.1 问题描述

本实例的动密封是由阀芯及阀套组成的轴孔结构,如图 11-1 所示。工作时,航空液压油通过入油口流入腔体内,并填充阀套与阀芯的间隙。油液在间隙内形成油膜,达到密封的效果。间隙过小则会导致动密封运动受阻,间隙过大会导致密封失效。工作条件下,腔体内最大油压为 21MPa,油液密度为 839.3kg/m$^3$(20℃),动力黏度为 0.0116Pa・s。

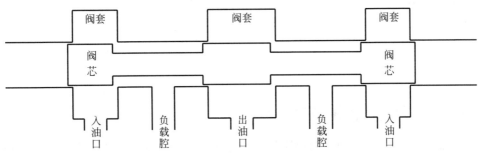

图 11-1　动密封结构示意图

## 11.2.2 启动 Workbench 并建立分析项目

(1)在 Windows 系统中选择"开始"→"所有程序"→Workbench 18.0→Workbench 2020 命令,启动 Workbench 2020,进入主界面。

(2)双击主界面 Toolbox(工具箱)中的 Component Systems→Fluent 命令,即可在 Project Schematic(项目管理区)创建分析项目 A,如图 11-2 所示。

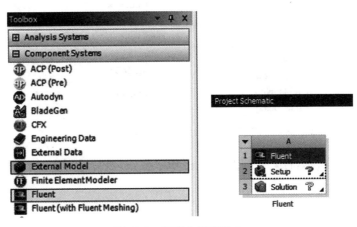

图 11-2　创建分析项目 A

（3）单击 A2 Setup，打开 Fluent Launcher，如图 11-3 所示，采用默认设置，单击 OK 按钮。

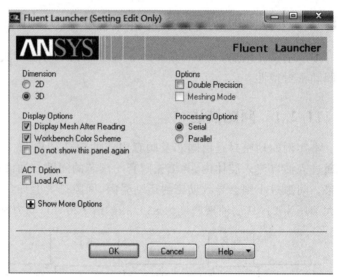

图 11-3　打开 Fluent Launcher

## 11.2.3　创建几何体模型

（1）在 File 上右击，在弹出的快捷菜单中选择 Import →Case 命令，如图 11-4 所示，此时会弹出"打开"对话框。

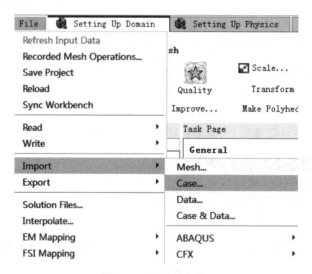

图 11-4　导入几何体

（2）如图 11-5 所示，将文件类型设置成 case 格式，然后选择 hydrovalve. case 文件，单击"打开"按钮。

图 11-5 生成几何图形

## 11.2.4 网格划分

本例中模型比较复杂,使用 HyperMesh 软件进行网格划分,可以得到质量较高的网格,具体划分请参考编者所著的另一本书《HyperMesh 实用工程技术》。对于简单的模型,可用 Workbench 自带的网格划分功能实现网格划分这一步骤。最终的网格效果如图 11-6 所示。

图 11-6 网格效果

## 11.2.5 流体动力学前处理

(1) 在 Tree 栏中单击 General 进入总体参数设置,给 Y 向施加经单位换算后的重力加速度,如图 11-7 所示。

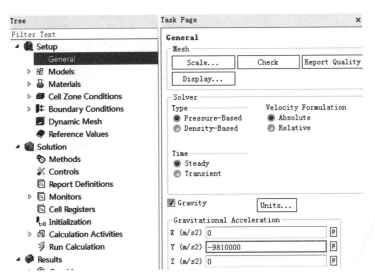

图 11-7 Y 向施加重力加速度

（2）双击 Models 打开 Models 设置框，将 Energy 打开，如图 11-8 所示。

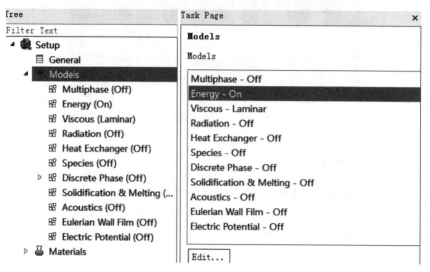

图 11-8　将 Energy 打开

（3）双击 Materials 打开 Materials 设置框，如图 11-9 所示。

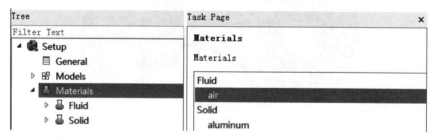

图 11-9　打开 Materials 设置框

（4）双击 air，在打开的设置框中单击 Fluent Datebase 将液体选择为 gasoil-liquid，如图 11-10 所示，并按照图 11-10 的参数值设置液体的密度、运动速度等值。

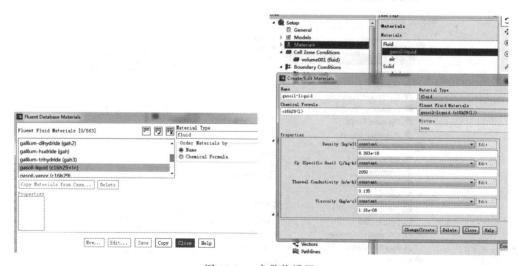

图 11-10　参数值设置

（5）双击 Cell Zone Conditions，在打开的设置框中单击 volume001，将材料选择为 gasoil-liquid，如图 11-11 所示，单击 OK 按钮关闭设置框。

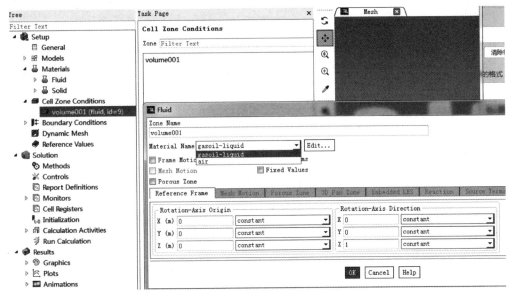

图 11-11　选择材料

（6）双击 Boundary Conditions，在打开的设置框中单击 inlet，如图 11-12 所示。

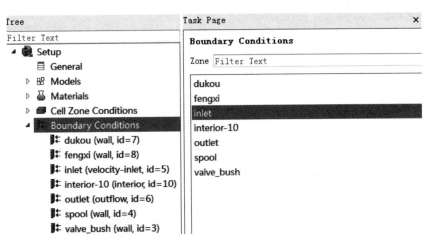

图 11-12　设置压力入口

（7）将 inlet 设置为压力入口，如图 11-13 所示。

（8）在弹出的对话框中将入口总压力设置为 21MPa，如图 11-14 所示，单击 OK 按钮关闭设置框。

（9）将 outlet 设置为压力出口，在弹出的对话框中将出口总压力设置为 0MPa，如

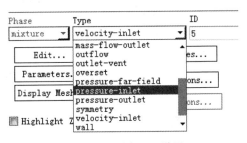

图 11-13　压力入口设置

图 11-15 所示,单击 OK 按钮关闭设置框。

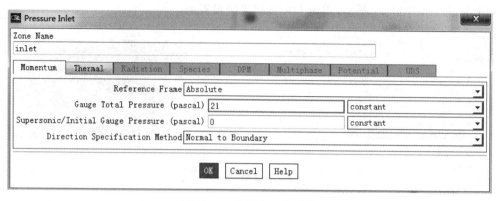

图 11-14　设置入口总压力

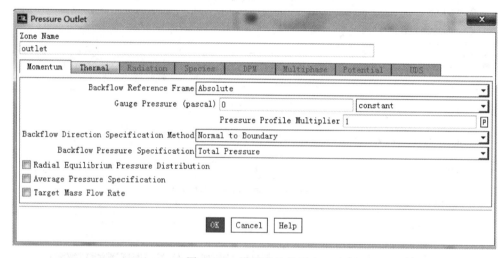

图 11-15　设置出口总压力

（10）将 spool 设置为移动壁面,将转动速度设置单位换算后的 314m/s,如图 11-16 所示,单击 OK 按钮关闭设置框。

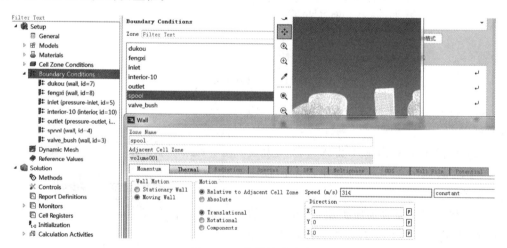

图 11-16　设置转动速度

（11）单击打开 Reference Values 设置框，将其中的单位进行换算，各个值的设定如图 11-17 所示。

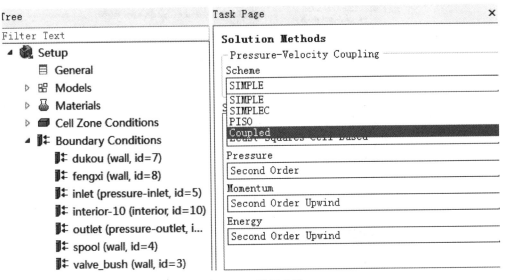

图 11-17　设置参数

（12）将求解模型设置为 Coupled，如图 11-18 所示。

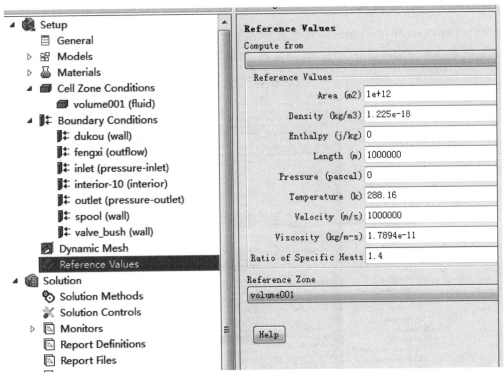

图 11-18　设置求解模型

（13）将求解步数设置为 100 步，如图 11-19 所示，单击 Calculate 按钮，进行计算。

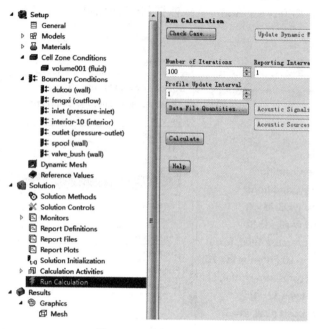

图 11-19　求解步数设置

## 11.2.6　结果后处理

（1）单击 Tree 中的 Contours 可以查看结果云图，如图 11-20 所示。在 Contours of 区域可以选择查看云图的类型，如压力、速度等，如图 11-21 所示。

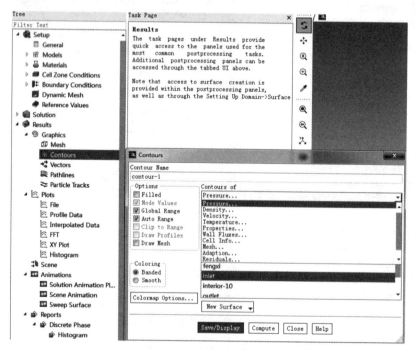

图 11-20　选择查看云图的类型

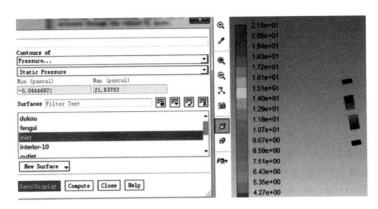

图 11-21　显示进口处的压力云图

（2）可以选择用户要查看结果的面，来显示云图效果，如图 11-22 所示单击 Filled，显示进口处的压力云图，单击 Save/Display 显示出云图效果。

（3）可以单击 New Surface-Plane 建立出自己想要显示的平面云图。

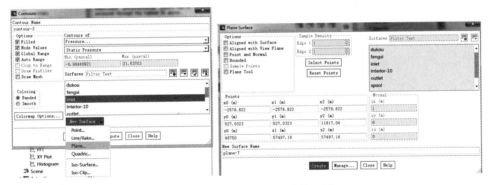

图 11-22　查看不同位置处的云图

（4）如图 11-22 所示，可以改变 X、Y、Z 坐标值来显示不同位置处的云图。

## 11.3　本章小结

本章介绍了 Workbench CFD 模块的流体动力学分析功能，通过一个内流场和一个外流场两个典型算例，讲解了软件的前处理、网格划分、求解计算及后处理等操作方法，以及流固耦合分析的处理方法。

通过本章的学习，读者应该对流体动力学及其耦合分析的过程有详细的了解。

## 习题

1. 流体有哪些分类？分别都是什么？
2. 流体运动的基本控制方程是什么？
3. 流体动力学分析的步骤是什么？

# 参 考 文 献

［1］ 江民圣,等.Workbench 2020 基础入门与工程实践［M］.北京：人民邮电出版社,2019.
［2］ 黄志新,等.Workbench 16.0 超级学习手册［M］.北京：人民邮电出版社,2018.
［3］ 胡国良,等.Workbench 13.0 有限元分析实用基础教程［M］.北京：国防工业出版社,2012.
［4］ 蒲广益,等.Workbench 12 基础教程与实例详解［M］.北京：中国水利水电出版社,2010.
［5］ 凌桂龙,等.Workbench 13.0 从入门到精通［M］.北京：清华大学出版社,2012.
［6］ 宋天霞,等.有限元法理论及应用基础教程［M］.武汉：华中工学院出版社,1987.
［7］ 王新荣,等.Workbench 有限元基础教程［M］.北京：电子工业出版社,2015.
［8］ 张进军.有限元分析及 ANSYS Workbench 工程应用［M］.西安：西北工业大学出版社,2018.
［9］ 王钰栋,金磊,洪清泉.HyperMesh & HyperView 应用技巧与高级实例［M］.北京：机械工业出版社,
       2012.
［10］ 李楚琳.HyperWorks 分析应用实例［M］.北京：机械工业出版社,2008.